都市農業新時代

いのちとくらしを守り、まちをつくる

中塚華奈
榊田みどり
橋本卓爾 ■ 編著

実生社

はしがき

本書刊行のきっかけは、「学生たちに都市農業について教えるとき、適当な本はありませんか」という会話からです。都市農業に関する本はそもそも少なく、農業経営や農業者・行政関係者向けにはいくつかの優れた本がありますが、ざっと探してみてもなかなか適当なものが見つからないというのが結論でした。しかも、都市農業をめぐる状況は2015年の「都市農業振興基本法」の制定によって大転換するとともに、いわゆる「2022年問題」を抱えて先行き不透明でした。こうしたなか、「この際、既刊の書籍に頼るのではなく、最近の都市農業をめぐる状況変化も踏まえた新しい本を刊行しよう」ということになりました。

さっそく、都市農業に関心を持つ方々に声をかけ、どのような本にするか相談するなかでいろいろなアイデアが出てくるとともに、だんだん欲張った構想になってきました。学生だけでなく都市住民の方々にもぜひ読んでもらえる本に、農業者や農業団体・行政関係者にも通用する本を、等々です。

その過程で議論を重ねた結果、次の4点を本づくりの基本にすることを確認しました。第1は、都市農業が新しい時代に入ったということです。都市農業は、対立、放置、排除、縮小・後退等という言葉がまといついた時代から都市に「あるべきもの」、すなわち不可欠な存在として位置づけが大きく変わりました。大転換です。この新しい時点から都市農業を捉え直すことです。本のタイトルを『都市農業新時代』としたゆえんです。

第2は、都市農業の過去・現在・未来の時間軸を大切にすることです。都市農業の現在だけに焦点を当てるのではなく、その歴史や行く末にも光を当てることです。都市農業新時代をきちんと理解するためにも都市農業の歴史を学び、現状を直視し、未来を展望することが重要だからです。

第3は、都市農業の多面的な役割・機能に注視することです。都市農業が農業者のみならず都市住民のいのちやくらしにとって、さらにサステナブルなまちづくりにとって不可欠だということを重視することです。サブタイトルを「いのちとくらしを守り、まちをつくる」としたのもその想いからです。

第4は、できるだけ平易な文章で都市農業の全体像を多くの方々に理解してもらえる本にすることです。言うはたやすく実行は至難の技ですが、都市農業の歴史、現状、役割・機能、今後の課題と展望等をわかりやすく書き込むことをめざしました。

また、都市農業の現場で生き生きと頑張っている農業者、都市住民、農業団体、地方自治体等の活動をできるだけ伝えるために事例紹介にも力点を置いています。

本書の内容については編者や著者間で大きな認識の違いはありませんが、執筆分担にしたがって著者それぞれが自分の見解や評価をまとめたものです。ですから、全てが全員の共通認識・統一見解ではありません。というより、本書は多くの多彩な執筆者の参加と協力によってでき上がったものであり、むしろ各執筆者が自由にそれぞれの認識や見解を論じていただくことを重視しました。

本書は、都市農業が新時代を迎えるなかでこれまでの歩みや現状の理解だけでなく、今後の都市農業のあり方や行く末を考えるためにできるだけ多くの情報を提供したいとの想いからかなり盛りだくさんの内容になっています。まずは、お手に取っていただき、興味のあるところからお読み下さい。一人でも多くの方が都市農業に興味や関心を持ち、都市農業を守り、発展させる輪に参加していただくための一助になれば幸いです。

最後になりましたが、ますます厳しくなる書籍の出版環境にもかかわらず本書刊行の機会を提供していただくとともに、幾多の有益な助言を賜った実生社の越道京子さん及びヒアリングや資料提供等に快く対応していただいた都市農業関係者各位に心から厚くお礼申し上げます。

編著者を代表して　中塚華奈

もくじ

Column

序章

都市農業ってなんだろう

KEY WORDS

都市農業の存在価値

都市農業振興基本法

人新世

SDGs

定常化社会

この章で学ぶこと

都市部に住んでいても、「都市農業」の存在を身近に感じている人はそれほど多くないかもしれません。でも、人が何かを食べている限り、「農」の世界は誰にとってもすぐ身近にあります。そのことに気づくきっかけは、人それぞれだと思います。

本章では、筆者の経験を紹介するとともに、都市農業をめぐる状況と可能性をひもときます。

「都市農業ってなんだろう」の答えを見つけ出す旅に、いっしょに出かけましょう。

1　大震災の経験と都市農業

阪神淡路大震災で、くらしの近くに農業があることの大切さを痛感

私が、都市農業に関心を持つようになったきっかけは、1995年1月17日午前5時46分に大地震が阪神淡路地域を襲った時の経験です。当時、私は神戸大学農学部の大学院生でした。農学部の大会議室は、最大230名の方が身を寄せた避難所になっていました。指導教員が避難所のお世話をしていた関係で、ゼミ生が学生ボランティアとしてお手伝いしており、私もその中の一人だったのです。

震災当日、農学部の学舎は暖房がついたので、寒さを凌ぐ場所の提供はできました。しかし飲み物や食べ物の備蓄はなく、夜10時に神戸市灘区の対策本部からようやく届いたのがリンゴ40個のみでした。洗う水も切るナイフもなく、160人の避難者に均等に分配することはできませんでした。自衛隊の給水車が真夜中の2時に到着。実験用ポリタンクやコップ類を校内からかき集め、なんとか水が飲める体制が整いました。

震災当日はそのような状況でしたが、翌日には全員におにぎりが2つずつ配られました。それは、陥没や地割れ、瓦礫の山で通行不可能な道が多く、通れる道はことごとく大渋滞という最悪の道路事情をくぐり抜け、近くの農家が届けてくれた心のこもったおにぎりでした。

神戸市西区神出町の農家、西馬きむ子さんに久しぶりにお電話したら、次のように語ってくださいました（2023年5月）。

> えらいこっちゃ、なんかできることないかなぁ言うて、仲間と一緒におにぎりを握ったんよ。すぐに食べられるように洗った野菜やペットボトルのお水を積んで、つきあいのあった消費者グループのところに軽トラを走らせて届けたのよ。お正月に箱買いしていたミカンやリンゴなど食べられるもんは全部のせてね。あの時は神戸の卸売市場も閉まってしもて、野菜出荷もできなかったから、毎日おにぎりを握ったわぁ。農村にはね、食べ物がある。プロ

パンガスがある。大きなお鍋もある。大量に調理をする技もある。野菜たっぷりの豚汁の炊き出しを何度もしにいったんよ。避難訓練は大量調理も含めて、普段からやっとかなあかんと思うわ。

写真１　おにぎりの炊き出し
出所：『農村と都市のきずなを強めて』（1995年、兵庫県農業協同組合中央会発行）66頁より転載

兵庫県農業協同組合中央会がまとめた震災時のJA支援活動記録からほんの一部を紹介すると、JA神戸市西では、震災翌日から２月８日まで毎日おにぎり6,000個を目標に、総数13万2,000個を提供。適宜、炊き出しも実施。JA神戸市北でもおにぎり総数12万個を提供、炊き出し米の提供は約20トン。翌日以降は、県下各地、全国のJAからも多大なる物質・人的支援や救済募金などが被災地に送られてきたことが詳細に綴られています。

一瞬にして生活基盤を失った被災者は170万人にものぼりました。近隣の農家・農村からの緊急支援をはじめ、その後、県下一円、全国から送られてきた大量の食料や水、生活必需品などの支援物資は、多くの被災者を励まし、勇気づけてくれました。また、日頃から定期的にムラからマチへ野菜やお米を届け、時にはマチからムラへ農業体験に訪れるなど、お付き合いのあった生産者と消費者は、災害対策本部を通すことなく、直接、連絡を取り合い、支援物資が届けられていました。

こうした支援活動を直接に見聞きしたことで、自分の住む場所の近くに農家がいて、食べものが育まれる農地が存在するということがいかに大切なことか、農産物の包装資材への生産者の顔写真シール貼付だけでなく、本当の意味での「顔と顔の見える関係」がどれほど有難く、緊急時に威力を発揮するのかを身をもって知りました。地震や台風の危険に常にさらされている災害大国日本において、農家と非農家が日頃から相互に関係性をもつ仕組みは、危機管理の一環として社会的に必要であると確信しました。

中小企業のまち・東大阪市で都市農業への関心を深める

その後、有機農業の普及啓発や食農教育の調査研究を続けるなかで、私の都市農業に対する関心は、ますます深まっていきました。とくに、東大阪市にある大阪商業大学経済学部に勤務していた7年間は大きな転機となりました。東大阪市といえば、製造業の事業所密度が1㎢あたり115.2で、2位の大阪市(73.6)を大きく引き離し、全国1位を誇る中小企業や工場の多い町です。グーグルマップで上空から見ると、ほとんどが建物や道路で、緑地部分は生駒山と花園ラグビー場しかありません。

しかし、そのような工業都市にも2022年1月時点で、市面積の3%にあたる農地が残っており、総農家数は532戸（うち販売農家は130戸）を数えています。市内には農産物直売所が17か所もあり、大阪府のエコ農産物認証制度の認証件数が府下でトップを誇っていることも驚きです。住宅に囲まれた農地が多い同市では、市のブランド戦略や洗濯物、ペットなどへの影響に配慮して農薬や化学肥料の使用を通常の半分以下にするエコ農業の推進に力を入れています。

また、市の農政課やJAの担当者、多くのやる気あふれるユニークな農家、農家とタッグを組むレストラン、酒屋、和菓子屋などによって活発な食農教育プログラムや環境にやさしい都市農業を推進する趣向をこらした様々な企画が実施されていました。こうした取り組みに接し、食料生産はもちろんのこと、多面的な公益機能をもつ都市農業の存在価値を認識することができました。

東大阪市での赴任中、都市農業に対して批判的な都市政策の研究者と熱く議論したこともありました。「都市部では宅地開発をすすめて、同じ面積から生み出す利潤を増やし、税収を増やすことにこそ意味がある。農業をやりたい農家は、都市部から郊外に引っ越しをすればよい。都市部の農地、とくに固定資産税を安く設定した生産緑地は社会悪である」と言い放った教授の顔は今でも忘れられません。物事には裏表があり、都市農業に否定的な考え方をもつ人に触れることもできました。

都市に農業があることは、「とんでもないこと」なのでしょうか

イギリスの歴史哲学者であるアーノルド・J・トインビーは、都市を「その住民が都市の境界の内部で、生きてゆくために必要な食糧の全部を生産することのできない人間居住地域」と定義しました（トインビー 1975、22 頁）。さらに、「現代の機械化した都市は、少数の伝統的な城壁に囲まれた都市がかつてできたように、部分的に自給することさえできない。機械化した都市の住民は、かれらの都市の区域内に少しでも空いた空間を保存するために、果てしない戦いを戦わねばならない。しかも、都市の空地は、第一に、機械化した交通機関のため、第二に機械化した車の駐車場のため、第三に、レクリエーション用の運動場と公園のために要求される。都市の住民に食糧を供給するための一助として、都市の内部の空地を耕地や牧場に充てるよう要求することは、とんでもないことであろう」（前掲書、29 頁）とも論じました。

1993 年に刊行された『建築大辞典』は、都市を「専ら消費的な集住形態」と定義しています。「政治、商業、工業などの第二次、第三次産業を基盤として、生活および活動を密度高く営んでいる一定の範域。発生的には、主として農業が余剰生産物の産出を可能にした時点で、経済的基盤を外部に仰ぎ、専ら消費的な集住形態として成立した。産業革命はこうした歴史的な都市の構造変化をもたらし、それまでの氏族的、宗教的、職業的な係累を基盤として築かれてきた地域社会としての統一体を解体し、今日的都市へ移行する契機となった。第二次・第三次産業の発展による人口集中と交通・コミュニケーション手段の発達は都市の膨張をもたらし、単に空間的に郊外への外延化のみならず、社会全体の活動様式、生活様式を都市化するに至った」としています。

経済発展に伴い、産業構造の比重が第一次産業から第二次・第三次産業へと移行することを示した「ペティ＝クラークの法則」のとおり、都市部では農業などの第一次産業が減退しています。東京都や大阪府では食料自給率が 1％前後まで落ち込みました。このまま都市から農家が減少し、農地がなくなると、都市部は緑のない「無緑（力）」、農のない「無農（能）」、コミュニティのない「無縁（艶）」な空間になってしまいます。これでいいのでしょうか。これが当たり

前なのでしょうか。都市で農業を継続しようという意思を持つ農家とそれを支持する市民がいる限り、外部からの圧力によって都市部の農家が農業を断念することがないような仕組みを作れないものかと考える日々でした。

2 都市農業振興基本法のインパクト

「都市農業振興基本法」の制定＝都市農業の位置づけの大転換

そんな折、2015年4月に「都市農業振興基本法」、2016年5月には「都市農業振興基本計画」が制定され、都市農業のこれまでの位置づけやそれに対する国の政策が180度変わりました。基本計画では、農業政策の観点から食料自給率の一翼を担う収益性の高さ、地産地消・体験農園・農福連携など都市住民の多様なニーズに応えるモデルになっていること、農業や農業政策に対する国民的理解を醸成する身近なPR拠点としての役割などが再評価されました。

また、都市政策の観点からも集約型都市構造化と都市と緑・農の共生をめざすうえで、都市農地を貴重な緑地として明確に位置づけ、「あって当たり前のもの」、さらには「あるべきもの」、いや「なくてはならないもの」へと大きく転換しました。都市農地が民有の緑地として適切に管理されることが持続可能な都市経営のために重要であると捉え、再評価されたのです。関連して、改正生産緑地法、都市農地の賃借の円滑化に関する法律、市民農園関係の法制度なども整備されました。

こうした動きは、都市農業の前進や飛躍を示すものではありません。従来、農業振興対象から排除されていた都市農業が、やっと振興の対象として扱われるとともに、ごく当然の位置づけになったことに他なりません。都市農業を安定的に継続させて、良好な都市環境を築くためのスタート地点にようやく立ったのです。

都市農業に新しい風が吹きはじめた

2020年1月からの新型コロナウイルス感染症拡大や2022年2月24日のロシアによるウクライナ侵攻は、都市農業を見直す契機になっています。外出が極力抑制され、食料調達のためにのみ、やっと外出できた緊急事態宣言下において、身近に存在する農産物直売所や生産地の存在意義を改めて認識した都市住民は少なくありませんでした。また、閉塞感や孤立感が広がる中で、土を耕し作物を育てる喜びを知った都市住民も多くいました。

国際分業や経済合理性の名のもとに推し進められた食料・飼料・肥料やエネルギーの外国依存の危うさ、脆さも露呈しました。グローバル化・広域化したサプライチェーンではなく、地産地消、国消国産が注目されるようになりました。

人間の活動が地球に地質学的なレベルの影響を与えていることを踏まえ、現代を地質学的に「人新世（ひとしんせい）（アントロポセン）」と呼ぶ人もいます。第二次世界大戦後の急速な人口増加、大量生産・大量消費・大量廃棄、グローバリゼーション、農業の近代化、大規模ダムの建設、都市の巨大化、テクノロジーの進歩、核開発などの社会経済における大変化は、二酸化炭素やメタンガスの大気中濃度、成層圏のオゾン濃度、地球の表面温度や海洋の酸性化、海の資源や熱帯林の減少、放射性物質の放出など、地球環境に甚大な影響を及ぼしています。

現在の地球規模での環境悪化の下、2050年までに「CO_2実質ゼロ」をめざす脱炭素社会に向けた取り組みも推進されています。また、2015年9月の国連サミットにおいて加盟国の全会一致で採択されたSDGs（Sustainable Development Goals）は、持続可能でよりよい社会をめざすための国際目標であり、2030年を目標年として脱炭素と大きく関連のある取り組みが含まれています。

それらの中には、「2 飢餓をゼロに」、「3 すべての人に健康と福祉を」、「6 安全な水とトイレを世界中に」、「11 住み続けられるまちづくりを」、「12 つくる責任、つかう責任」、「13 気候変動に具体的な対策を」、「14 海の豊かさを守ろう」、「15 陸の豊かさも守ろう」といった、生態系に悪影響を及ぼす化学物質は極力使用せず、地域の有機資源を積極的に循環させる農業のありかたと直接的、間接的に関係のある目標が多々含まれています。

3 これからのくらしをつくる都市農業

改めて農業の大切さを考える

都市農業に新しい風が吹きはじめた今こそ、改めて農業や都市と農村に関する先人たちの卓見を学ぶ必要があります。

イギリスの社会学者であるエベネザー・ハワードは、『Garden Cities of Tomorrow（明日の田園都市）』（1902）で、「都市は農村と結婚しなければならない」と主張しました。18 世紀にイギリスで起こった産業革命は、工業の飛躍的発展をもたらし、ロンドン、マンチェスター、バーミンガムなどの大都市を形成しました。都市では、石炭ストーブの排煙が充満し、路上には馬糞やし尿が散乱し、コレラやペスト等の伝染病が蔓延しました。かたや、農村では労働人口の流出による過疎化が問題となっていました。

そこで、ハワードは、都市か農村の二者択一ではなく、第三の選択肢として、双方の利点を兼ね揃えた田園都市を提唱し、「そしてこの楽しい結合から、新しい希望と新しい生活と新しい文明が生まれてくるだろう」と説いたのです。田園都市を設計し、食料供給、緑地空間、都市部の排出物の還元の場として農業を不可欠の要素と位置づけていました。

日本の優れた思想家であり教育者である新渡戸稲造は、著書『農業本論』において、「農業の貴重なる所以（貴農論）」を展開し、「農に厚うして商に薄うするものにあらず、農に重うして、工に軽うするものにあらず」と説き、農工商が共存してこそ国の存続と発展があるとしました。「大都市にこそ農業や農地は必要不可欠」という信念で大阪市政を陣頭指揮した元大阪市長の関一（せきはじめ）、「人間は工業なしで生きていけるが、農業がなければ生きられない」と著書『スモール イズ ビューティフル』で説いたエルンスト・フリードリッヒ・シューマッハー、「農業・農村は社会的共通資本である」と言及した経済学者の宇沢弘文など、多くの先人が農業を大切にする思想を残しています。

これらの都市と農業・農村との共存、相互依存関係に関する先人の卓見に触れると、改めて都市に農業はあるべきもの、なくてはならないものであるという哲学を学ぶことができます。私たち人間の多くが都市に住み、生きていくかぎり、都市には農業があって当然なのです。

みんなで都市農業のこれからを考えてみましょう

経済成長優先だった考え方から、自然との調和を重視する定常化社会、すなわち経済成長を絶対的な目標にしなくとも十分な豊かさが実現される社会を迎えた今、都市農業は人間を大切にし、豊かさとは何かを考えるときの大切なキーワードとなります。そして、私たちが直面している全人類的な厳しい諸課題に向き合ったとき、農業や農村の価値や現代的意味を問い直し、改めて都市農業を捉える必要があります。いまこそ、いのちとくらしを守り、まちをつくる都市農業の形成に向けて、都市農地をこれまでの延命措置のような「守る時代」から、積極的に「活かす時代」がやってきたといえるでしょう。

都市農業の存続は、農家個人だけの問題ではありません。行政にとっても、まちづくりをすすめる上で、市内の農地は貴重な「緑」空間として位置づけられています。都市農地を残したい、次世代につなぎたいという想いをもつ農家と市民を育て、都市農業の公益価値を「見える化」し、農産物の加工・流通関連企業や都市生活者の消費活動も含めて、都市農地の存続・発展を後押しするような仕組みをつくることが、ポストコロナ社会、持続可能な社会（SDGs）を考える今、求められているのです。

本書は上記のような問題意識をベースにして次の３部構成から成っています。

第１部は、都市農業の歴史です。都市にとって「不要なもの」、「排除するもの」から「あるべきもの」へと大転換してきた都市農業の激動の歩みについて言及しています。

第２部は、都市農業の「いま」を紹介します。都市農業の現況や都市住民の都市農業に対する意識をリアルに伝えるとともに、各地で奮闘している魅力的な農業者とそれを支援する自治体等を紹介します。

第３部及び終章は、いのちとくらしを守り、まちをつくる都市農業のこれからと、未来を探り、都市農業のあるべき方向を考えます。

さあ皆さん。「都市農業ってなんだろう」の答えを見つけ出す旅に本書を持って出かけませんか。本書は、この楽しい旅のガイドとしてきっと役立ってくれるでしょう。

（中塚華奈）

引用・参考文献

宇沢弘文（2000）『社会的共通資本』岩波新書。
斎藤幸平（2020）『人新世の「資本論」』集英社新書。
シューマッハー、E・F（小島慶三ほか 訳）（1986）『スモール イズ ビューティフル』講談社学術文庫。
彰国社（編）（1993）『建築大辞典』彰国社、1186 頁。
トインビー、アーノルド（長谷川松治 訳）（1975）『爆発する都市』社会思想社。
新渡戸稲造（1905）『農業本論』裳華房、459 頁。
ハワード、エベネザー（長素連 訳）（1968）『明日の田園都市』鹿島出版会、84 頁。

第 1 部

都市農業の歩み

1955 年頃の門真町（現・大阪府門真市）古川橋付近
広がる田んぼの向こうに淀川の堤防が望めた
出所：『写真集 大阪農業のあゆみ』（1985 年、大阪府農業会議発行）93 頁より転載。

第 1 章

都市近郊農業から都市農業へ
―1950 年代後半から 60 年代

KEY WORDS

都市近郊農業

高度経済成長

急激・大規模・無秩序な都市化

新「都市計画法」

都市農業

この章で学ぶこと

都市の内部や周辺の農業は、これまで一般的に都市近郊農業と呼ばれていました。しかし、わが国においてこのエリアの農業を一律に都市近郊農業として捉えきれない状況が生まれました。都市農業の登場です。

本章では、この都市農業生成の時期、社会経済的な背景とともに、わが国の都市農業の特質について学びます。

1　都市とともに発展してきた都市近郊農業

従来、都市の周辺に位置する農業は都市近郊農業と呼ばれてきました。とくに、わが国では都市の周辺のみならず都市の内部でも農業が営まれており、これを総称して都市近郊農業として捉えることが一般的でした。都市近郊農業は、都市の生成とともに形成され、発展によってそのエリアを拡大してきました。都市近郊農業は、特定の時代に固定したものではなく、古代・中世・近代・現代等のそれぞれの歴史過程において規模は異なりますが、都市とともに普遍的に存在する農業形態であるといえます。ただ、都市化の進展が著しい地域にあっては都市の市街地に組み込まれ、消滅したものもあります。なにわ伝統野菜の一つである「難波葱（なんばねぎ）」の産地であった大阪市難波周辺、同じく「天王寺蕪（てんのうじかぶら）」の栽培がさかんであった天王寺周辺等はその一例です。

このように都市の生成・発展とともに形成・拡大してきた都市近郊農業は、都市化の波に呑み込まれて消滅することもありましたが、基本的には都市と共存・相互依存関係にあります。都市の存続にとって必要不可欠な存在です。そして、そこでは市場・消費者に近接、集住と政治・経済・文化等の中枢という都市の特質から発生する特殊需要の享受、都市塵芥・人糞尿等の肥料や飼料活用等々の立地特性を活かした商業的農業、集約型農業さらには資源循環型農業が早くから芽生え、成長していました。(1)

ところで、都市の内部や周辺に位置する農業を都市近郊農業として大まかに把握するのではなく、都市農業という用語やそれに近い言葉で捉えている事例もあります。たとえば、青鹿四郎は、1935年に著した『農業経済地理』のなかで、「都市農業」という用語を用い、その定義と具体的事例の紹介を行っています。少し長くなりますが参考になるので引用しておきましょう。

> 此所に云う都市農業とは、都市の商業地域、工業地域、住宅地域等の都市集域の間に介在し、若しくはそれ等の外囲を繞って発達する特殊なる農業組織——都市的勢力に依って直接に影響せらるる為めに発達する搾乳、養鶏、養豚、養魚、温室、フレーム、観葉植物、芽菜、葉菜、瓠菜、根菜、水菜、果樹等

> の高等養蓄、高等園芸及び露地高速圃作並びにこれ等と総合的経営関係に置かるる麦その他穀菽、水田稲作等の複雑なる一系別の農業組織を指すのである。
>
> これ等の農業の碁布する地域は、普通その都市の二倍乃至三倍の円弧内の地域内に該当する。例えば東京市では日本橋元標を中心とする場合、都市集域を約二里の範囲とすれば、その都市農業地域は二倍半（下町方面）乃至三倍（山手方面）に達し、大阪市の場合（心斎橋を中心とした場合）は、その都市集域は約一里半、都市農業地域と見らるべきは、東郊二倍半、北郊三倍半乃至四倍、南郊三倍乃至三倍半内の地域に相当する、平均して約三倍の半径即ち四里半径内の地域にあると見られる。この地域は大阪を中心とする周囲の高度百米以下の平坦地に相当する。この地域が集約なる搾乳、養鶏、養豚、養魚、温室、芽菜及び葉菜、観賞植物の生産地域である。
>
> 名古屋市では中心地（栄町——十字路）より約三十二、三町の半径内が都市集域その外囲を東郊は半径の一倍半、他いずれも二倍半の地域が、搾乳、養鶏、温室、芽菜、葉菜、蔬菜、根菜の生産地域である。

また、昭和初期に『大阪府農会報』という雑誌の中で「都市農業」とか「都市地域の農業」という用語が使われています[(2)]。

こうした事例から推察されるように、すでに昭和初期にあっても都市の膨張・都市化の進展がみられた地域においては、通常の都市近郊農業とは様相を異にする農業、つまり「都市集域の間に介在し、若しくはそれ等の外囲をめぐって発達する特殊な農業組織」が存立していたことは注目に値します。しかし、青鹿らのいう都市農業はもっぱら都市との近接性に力点を置き、栽培作物や飼養家畜の特異性を指摘したものであり、本書で対象にする都市農業とは性格を異にしています。

2　都市近郊農業から都市農業へ

わが国では、1950年代後半から60年代にかけ都市近郊農業を巡って大きな変化が起こりました。この時期において都市の内部や周辺に位置する農業を都

写真１　大阪府堺市百舌鳥付近の変貌（左側が 1956 年、右側が 1983 年）

出所：『写真集 大阪農業のあゆみ』（1985 年、大阪府農業会議発行）40 頁より転載。

市近郊農業として一律に捉えることができない状況になってきました。なぜなら、都市と農業・農村を巡る関係性が大きく変化したからです。都市近郊農業と呼称していた時期における都市と農業・農村との共存・相互依存関係が大きく崩れ、都市による農業・農村の浸食・併呑・破壊等が顕著になりました。都市とその内部や周辺に位置する農業との厳しい緊張関係が生じてきました。

その内容を少し詳しく見ておきましょう。

変化を引き起こした第１の要因は、1950 年代後半頃から始まる急激で大規模かつ無秩序な都市化です。1955 年以降、世界史上でも稀にみる大規模な都市化が急速かつ広範に進展し、その結果、東京、大阪、名古屋の三大都市圏を中心に都市地域が著しく拡大しました。とくに、これら地域への資本、労働力（人口）、生産の急激な集積・集中が進みました。

こうした巨大な都市圧のもとで、都市の内部及びその周辺の農業・農村は著しく変容し、大幅な縮小・後退を余儀なくされました。それは、東京都や大阪府における農地の大量喪失や農家の大幅な減少を見れば明らかです。東京や大阪では都市周辺の農村は都市に併呑されるとともに、都市内に存在していた農業も大幅に縮減し、さらには消滅へと追い込まれました。

第２は、新「都市計画法」の成立（1968年）、施行（1969年）とそれにもとづく市街化区域の設定です。

これにより、都市近郊農業の基盤であった多くの農地が、都市計画区域に編入されました。この過程で、とくに注目すべきことは全国で約31万ha、東京都では全農地のほぼ75%にあたる約１万5,000ha、大阪府では全農地の約半分に相当する１万4,000ha（いずれも線引き当時の数値）もの大量の農地が、「すでに市街地を形成している区域及びおおむね10年以内に優先的かつ計画的に市街化を図るべき区域」（都市計画法第７条）、すなわち「都市専用領域」あるいは都市の「排他独占的機能特化区域」（利谷 1981）である市街化区域に編入されました。この結果、従来、一律的・同質的であった都市近郊農業の多くが、都市計画によって分断され、農業的土地利用の存在そのものを否定する区域に取り込まれました。

第３は、第２と連動して登場した市街化区域内農地における固定資産税の「宅地並み課税」問題です。

市街化区域内農地を宅地とみなし、高額の税金を課すことによって宅地化の促進を狙いとしたこの税制は新「都市計画法案」が提出される頃から浮上してきました。後でもう少し詳しく説明しますが、「宅地並み課税」は農業収益をはるかに超える税額で、都市地域の農業の存続を大きく脅かすものです。それだけに、宅地並み課税問題の浮上とともに宅地並み課税を実施する側とそれを阻止・撤廃しようとする側との間で激しい攻防が繰り広げられることとなりました。このように、市街化区域内の農業・農地は、農地課税の強化という税制面からも放逐（ほうちく）の対象にされ、絶えず存亡の危機にさらされるようになったのです。

都市近郊農業は、以上指摘した三つの大きな変化、すなわち（1）高度経済成長に伴う急激・大規模・無秩序な都市化、（2）新「都市計画法」にもとづく市街化区域への農地の大量編入、（3）宅地並み課税問題という三つの社会経済的要因によって大きな変容を受け、従来の延長線では捉えきれなくなり、次第に「都市農業」という新しい用語を要請するようになりました。しかも、都市農業はそう呼ばれ始めた時からもともと都市にあったもの、あたり前のものとしての位置から、不必要なもの、邪魔な存在として排除されるというまさに逆流渦巻く中で産声をあげました。都市近郊農業が本来有していた都市との共存・相互依存関係を強引に否定されるという状況下におかれました。ここにもわが国の都市農業の特異な性格があります。

わが国の都市近郊農業から都市農業への変容過程、言い換えれば都市農業の生成過程の特徴として看過できないことは上記だけではありません。それは、都市農業の立地する空間は必ずしも都市近郊農業の立地空間と同じではないという点です。わが国の高度経済成長期における急激・大規模・無秩序な都市化は、都市近郊農業地域を飛び越し、農山村まで及びました。とくに東京や大阪のように都市化のエネルギーの強いところにおいては、全域が都市化に巻き込まれ、かつての農山村地域さえ人家連たんする地、巨大ニュータウンや大工場の立地する地に変貌しました。この点もわが国における都市農業形成の特異性の一つです。

もう一点強調しておくべきことは、都市計画・土地利用法制と都市農業の立地空間の問題です。新「都市計画法」に基づく市街化区域の設定は都市農業の形成に極めて重要な意味を持っています。ただし、そのことは都市農業の立地空間が市街化区域内に限定されることを意味しません。市街化区域内の農業は、国の政策（都市計画・農業政策・土地税制等）の側面から見るともっぱら矢面に立たされてきました。したがって、都市農業を代表する事例や問題が市街化区域内の農業に集中することはごく当然です。しかし、都市化の波は市街化区域、とりわけ三大都市圏の市街化区域にとどまりません。とくに都市化が急激かつ大規模に進展するとともに、都市計画・土地利用法制が未確立で不備なわが国の場合、都市化は市街化調整区域やさらには農業振興地域へも波及していきました。たとえば、農地の一般土地化・商品化、農地価格の高騰等の現象は、なにも市街化区域のみに見られるものではありません。また、全国レベルでは東京への人口・政治・経済・文化等の一極集中、地方圏にあっては地方中枢・中核都市への一極集中という二重の一極集中を特徴とするわが国では、地方中枢・中核都市内やその周辺にある農業の変質も急速に進んでいます[(3)]。こうしたことからも明らかなように、都市農業は市街化区域内、それも三大都市圏の特定市の市街化区域内に限定されるものではありません。都市農業は、都市化の速度・規模・性格等によって変容する動態的な存在なのです。

なお、誤解がないように二点ほど申し添えておきます。一つはわが国の都市近郊農業全てが1950年代後半から60年代にかけて都市農業に変容したわけではないということです。上記のような社会経済的影響が弱かったあるいは及ばなかった地域においては都市近郊農業のままで推移しているケースも少なくありません。もう一点は、都市近郊農業から都市農業へ変容したからといって都市農業が近郊農業が有していた特色を全て失ってはいないことです。都市農業は農業経営形態等の面では近郊農業の特質を色濃く継承しています。

（橋本卓爾）

注

(1) わが国のみならずヨーロッパの都市近郊農業に関する理論、歴史や実態については渡辺善次郎『都市近郊農業史論　都市と農村の間』（1983年、論創社）が詳しい。また、国立国会図書館調査立法考査局『都市化と近郊農業の諸問題』（1967年）が参考になる。

(2) たとえば、1930年12月号の『大阪府農会報』（第246号）において、「早くも目醒めて都市農業に相應はしい蔬菜と乳役兼牛本位の多角形式農業へと専念する泉南郡北中通村」というタイトルで、「都市農業」としての北中通（現･泉佐野市）の事例が紹介されている。

(3) たとえば、福岡市、広島市、仙台市等の地方中枢都市において、急激な都市化によって市内及び周辺の農地が大量に潰廃するとともに、農業構造も著しく変容している。また、これらの市以外の県庁所在地等の都市においても規模は異なるものの同様な傾向が見られる。

引用・参考文献

青鹿四郎（1935/1980）『農業経済地理（昭和前期農政経済名著集18）』農山漁村文化協会、146頁。
利谷義雄（1981）「土地法制の動向と土地所有権」、全国農業協同組合中央会 編『宅地なみ課税をめぐる諸説』262頁。

Column ①　農地相続税納税猶予制度

地価の高騰は、様々な問題を引き起こしましたが、都市地域に農地を持つ農家にも深刻な問題をもたらしました。その一つが農地相続税問題です。1970 年代の初め頃、相続が発生した農家から「相続が 3 回起きれば農地がなくなる」「相続税納入のため農業継続を諦めた」という声が沸き起こりました。それは、農家の相続税が高額になり、農地を売却してその代金で納入せざるを得ない状況になったからです。「農業を続けたい」「先祖からの農地を何とか維持したい」農家にとっては、ひどい話です。

この基本原因は、農家の資産の中心を占める農地の位置づけと評価方法に重大な問題があることです。相続税の場合、農地が都市地域にあると市街地農地として位置づけられ、評価額は宅地比準方式により、つまり宅地評価額を基準にして算出されます。そして、宅地評価額は近傍(きんぼう)宅地の売買価格をベースにして国税庁が定めた「路線価」にもとづいて決められています。したがって、宅地の売買価格（地価）が上昇すると、「路線価」も高くなります。農地でありながら宅地と同列に扱われ、宅地の評価額を基準に評価されたのでは、たまったものではありません。

実は、私にとって農家の相続税問題には特別な想いがあります。というのも、私が大学院生時代に大阪府内の農家の相続税実態調査にかかわった体験があるからです。同調査によって市街化区域内に農地を持つ農家の相続税額は 1974 年当時で平均約 6,900 万円、多い農家では 4 億円近くになっていることが明らかになりました。月に奨学金 3 万円で生活していた私には想像もつかない大金で、正直その金額の大きさに仰天したものです。

さすがに、なんとか改善すべきだという声がひろがり、1975 年に「農地相続税納税猶予制度」が創設されました。同制度は、都市地域に農地を持つ農家を高額の相続税から守り、都市農業の存続を可能にする優れたものです。この制度の概要は、下記の通りです。

① 相続人が相続農地を一定期間（20 年）自らが営農することを基本に、② 同期間中は農地にかかる相続税（農業収入をベースにした農業投資価格による評価額と従来の評価方式による評価額との差額に相当する相続税）を猶予する、③ 一定期間（20 年）終了後は猶予額納入を免除する。

注：同制度はその後幾度かの改正があり、とくに、改正「生産緑地法」に基づく生産緑地に対する相続税納税猶予制度の適用要件としての営農期間は 20 年から終身に変更されています。

（橋本卓爾）

第2章

宅地並み課税攻防の時代
―1960年代末から1990代年初頭

KEY WORDS

「受難」の歴史

三重の排除攻勢

宅地並み課税

宅地並み課税撤廃運動

長期営農継続農地制度

この章で学ぶこと

都市農業の歩みは、平穏なものではありませんでした。都市農業には国の都市政策、農業政策、税制によって都市からの排除を強いられた長い「受難」の歴史があります。なかでも、農地を宅地としてみなし農地固定資産税に宅地と同じような課税を課す宅地並み課税は、都市農業排除の切り札でした。当然、この税に対し農業側の抵抗も激しいものがありました。

本章では、宅地並み課税をめぐる攻防の歴史を学びます。

1　「受難」と抵抗の始まり

わが国の都市農業の歩みを見る時、長い「受難」の歴史があったことを看過してはなりません。「受難」の歴史とは、都市からの農業・農地の排除が都市計画制度、税制、農業政策を総動員して推し進められた時代、いわば、「三重の排除攻勢」が展開された時代を指します。

もう少し詳しく説明すれば、「三重の排除攻勢」の第1は、新「都市計画法」(1968年) に基づく都市計画制度です。同法では都市計画地域を市街化区域と市街化調整区域に線引きし、市街化区域内に編入された農地は10年以内に宅地等に転用し、市街化するとしました (法第7条)。市街化区域では農業は不要のものとして排除されることになりました。第2は、市街化区域内農地に対する宅地並み課税です。税制面からの農業・農地の排除です。第3は、新「都市計画法」制定後に都市農業、とりわけ市街地区域内の農業を国の農業政策の対象外にしたことです。農政からの排除です。都市農業は、国の農業政策による保護・支援を受けられないばかりでなく、農地法改正による農地転用の大幅緩和 (届出だけで転用許可) 等によって都市からの撤退を強要されたのです。なお、あえて「受難」というのは、都市農業そのものに欠陥・過失・問題があるために排除の対象にされたのではなく、都市農業に全く責任のない地価高騰や住宅難等を口実に都市農業が犠牲を強いられ、排除されたことを強調するためです。

都市農業という言葉が一般的に使われ始めた1960年代後半から70年代初頭は、この「三重の排除」が本格化した時期です。ですから、この時期は「受難」の歴史の始まりです。「三重の排除攻勢」は、個々バラバラではなく一体となって進められました。しかも、その攻勢は、常に「世界に通用する都市づくり」「都市施設の拡充」「住宅不足の解消」「地価抑制」等の“錦の御旗”を掲げて行われました。それだけに、それを阻止し、はね返すことは容易ではありませんでした。とくに、現に農耕の用に使われている農地であっても宅地としてみなされ、通常の農業収益では到底納税できないか、もしできても農業収益を著しく損なう宅地並み課税は都市農業の存続さえ脅かす重税であったため都市農業にとって重く、大きな圧力を与え続けました。

しかし、都市の農業者は、こうした排除攻勢をけっして甘受したわけではありません。拱手傍観(きょうしゅ)しませんでした。厳しい状況の中にあっても創意工夫を重ねながら粘り強く排除攻勢に立ち向かい、はね返していきました。都市農業には、長い「受難」の時代があるとともに、同時に「受難」をはね返す抵抗の時代もあります。そこで、本章では都市農業排除の切り札としての宅地並み課税に焦点を当て、その攻防の歴史を見てみましょう[(1)]。

2　宅地並み課税の実施 ── 隠蔽から急浮上

政府は、新「都市計画法案」の作成から国会審議・制定に至る過程において農地に対する宅地並み課税の導入をひたすら隠蔽してきました。さらに、隠蔽するだけでなく国会答弁等でも「市街化区域に入っても農地に対する課税強化はしない、安心して市街化区域に入りなさい」と明言していました。また、新「都市計画法案」の採決の際の衆・参議院において「固定資産税の課税にあたり土地所有者の税負担が増加しないよう配慮する」旨の付帯決議がなされていました。

水面下に隠されていた宅地並み課税が、政府答弁や付帯決議を無視して表に出てきたのは、三大都市圏を中心に地価高騰が顕在化した1970年です。当時の佐藤内閣は旺盛な宅地需要と地価高騰に対処するため、「市街化区域における宅地利用の促進」を掲げ、その具体策として宅地並み課税等の実施による「農地の宅地化促進」を打ち出しました。

政府は、宅地並み課税の実施の必要性・正当性をＰＲするためマスコミ等を動員して、⑴ 地価上昇が著しいのでそれを抑制するため都市地域の農地の税金を引き上げ、宅地の供給を増やす、⑵ 大都市周辺では、農地と宅地の固定資産税に大きな開きがあり、税負担に大きな不均衡がある、⑶ 都市整備のための財源の確保が必要、⑷ 米の生産調整にともない市街化区域内の水田が不要になってきた等の“宅地並み課税必要論”をふりまきました。そして、市街化区域内農地に対する宅地並み課税実施を盛り込んだ「地方税法の一部改正案」が1971年３月に可決成立し、４月１日施行となりました。これにより宅地並み課税はついに法制化され、1972年から市街化区域内農地に対し段階的に実施されることになりました。

1970年から71年にかけ宅地並み課税が急浮上する中で、“まさか”と思っていた農業者の多くが、宅地並み課税の苛酷さに気づき始めました。怒りや不安は、行動になって現れ、国や都府県・市町村長に対する「宅地並み課税反対要望」が続出しました。1972年2月には全国規模の「都市農業確立・農地の宅地並み課税反対・新都市計画法改正全国農協・農委代表者大会」も開催されました。これをきっかけに各地で署名請願運動や反対集会等が盛り上がってきました。その意味で1970年代初頭は宅地並み課税反対運動が本格的に始まった年でもあります。

こうした反対運動の高まりのなかで政府は、宅地並み課税実施を1年延期するとともに、実施方法等について妥協案を検討していましたが、新しく首相になった田中角栄の裁断によって再び1973年度から実施されることとなりました。その概要は、①三大都市圏特定市の182市（当時）の市街化区域内のA、B農地に対して、宅地評価額の2分の1の額を課税標準として、A農地は1973年度から、B農地は1974年度から、それぞれ4年間で宅地並み課税を段階的に実施する、②C農地やこれらの地区以外の市街化区域内農地については従来の農地の税額に据え置くが、1975年秋までにその取り扱いを定める、というものです[(2)]。

このように、宅地並み課税は課税対象を当面は三大都市圏特定市の固定資産税評価額の高い農地から先行的に実施する方向に切り替えられました。これは、対象地域のみならず対象農地まで限定して何としても宅地並み課税実施を図ろうとする巧妙なやり方でした。

3 宅地並み課税回避の取り組み

宅地並み課税還元措置の実現

宅地並み課税の本格的実施が決まった1973年以降、反対運動の主戦場は三大都市圏特定市へと移りましたが、宅地並み課税実施の矢面に立たされた三大都市圏の農業者はむしろ反対運動のボルテージを高めました。都市農業の存続をかけた必死の取り組みが広がりました。

農業収益をはるかに超える重税の実施を目の当たりにした農業者の間で、「当面A、B農地に課せられる宅地並み課税をなんとか回避してほしい」という切羽詰まった要望が急速に高まっていきました。この農家の切実な要望を実現する近道は、直接の課税権者である市町村が宅地並み課税を実質的に課さない措置、換言すればこれまでの農地課税と同程度の課税額となる措置を講じることです。そこで1973年の運動は、課税権者である市町村（長）との交渉に焦点が据えらました。

突破口は案外早く開かれました。宅地並み課税を回避する自治体独自の措置が、まず神奈川県藤沢市の「農業緑地保全要綱」、ついで埼玉県川口市の「農業生産緑地設置要綱」という形になって実現したのです。この制度は、宅地並み課税は実施するが、宅地並み課税と農地課税の差額部分を市街化区域内農業・農地の多面的役割・機能を保全するために助成金として活用するものであり、実質的には宅地並み課税と農地課税の差額部分を農業者に還元するものです。それだけに、この制度の実現は農業者に大きな喜びをもって迎えられ、各地で藤沢市、川口市に続けという声が広がりました。同制度は短期間のうちに他の都府県の関係市に急速に広がりました。この措置によって宅地並み課税の脅威を当面先延ばしすることに成功しました。

「減額措置」の実現と延期

「宅地並み課税還元措置」によって当面は宅地並み課税を回避することができましたが、それはあくまで緊急避難的なものであり、多くの市において1975年度までの時限的なものでした。政府は1976年度から宅地並み課税の完全実施を行うべく、早くから準備を進めていました。さらに、宅地並み課税実施の論拠として従来から主張していた「住宅地の供給増による住宅問題の解決」だけでなく、「税負担の公平」、「地方財政悪化の解消」などの口実を持ち出してきました。時あたかも、地方財政は高度経済成長の終焉によって悪化の一途をたどっていました。また住宅問題も依然として深刻であり、マスコミの多くは

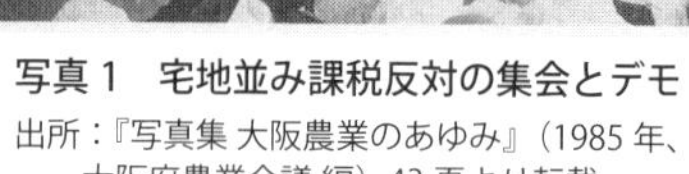

写真１　宅地並み課税反対の集会とデモ
出所：『写真集 大阪農業のあゆみ』（1985 年、大阪府農業会議 編）43 頁より転載。

宅地並み課税実施を当然視する論陣を張っていました。こうした情勢のなかで、農業者側は過去の運動の成果に安閑としておれなくなり、新たな運動の目標及び戦略・戦術を練り直す必要に迫られました。

こうした状況下で農業者側はこれまでの運動を総括し、今後の運動の基本方向として、①従来のように宅地並み課税反対というだけでなく、明確に宅地並み課税制度そのものを撤廃させる、②宅地並み課税反対運動を農業者だけの重税反対運動の枠にとどめるのではなく、労働者、勤労市民、一般住民と共闘もしくは支持・共感が得られるものにしていく必要がある、③そのためにも都市農業の社会的役割・機能を PR していくべきである、といった点が次第に明確になってきました。こうして、1975 年を一つの境にして宅地並み課税反対運動は、「反対から撤廃へ」、「重税解消から都市農業全体の擁護・確立へ」と大きく方向が切り変わっていきました。これは、都市農業の歴史においても特筆すべきことです。

1975 年度末、政府と農業側の攻防の結果、現在宅地並み課税の実施されている 182 市のＡ、Ｂ農地については市町村長が農地課税審議会（仮称）の意見を聴いて、条例の定めるところにより軽減措置を講じることができる等を基本にしたいわゆる宅地並み課税の「減額措置」が実現しました。この「措置」は、3 年以上農地として耕作すること等の条件が付いているものの、また 3 年間の時限的措置とはいえ宅地並み課税回避のために関係市のほとんどで実現した前述の「還元措置」を国の制度として追認させたものであり、大きな成果といえるものです。しかも、同制度は３年後も延長され、結局６年間都市農業を宅地並み課税から回避するうえで重要な役割を果たしました。

「長期営農継続農地制度」の創設

1978年度に向こう３年間の延長がなされた市街化区域Ａ、Ｂ農地に対する宅地並み課税の「減額措置」が、1981年度（1982年３月）で期限切れとなる時期が切迫するにつれ、市街化区域内農業に対して、従来にも増した攻勢がかけられてきました。しかも、この攻勢は地価再高騰と都市開発ブームの再燃化のなかで、いっそう拍車がかけられました。また、マスコミも「今度こそ宅地並み課税の完全実施を」という『日本経済新聞』の社説（1981年10月17日付）に代表されるように、こぞって宅地並み課税強化のキャンペーンを張りました。

こうした宅地並み課税強化、都市農業放逐攻勢に対抗し、農業サイドも今回の運動を「決戦の時」、「10年戦争に決着をつける」として位置づけ、大規模な反対運動を展開しました。とくに、この時期注目すべきは市民に都市農業の役割を訴え、宅地並み課税反対運動への理解や支持を広げていく取り組みです。たとえば、東京都においては、反対運動の前進のためには都市農業の意義・役割について「市民との合意」を得ることが必要という認識に立ち、一般市民100万人の署名を集める「100万人署名運動」を展開しました。農業者一人一人が署名獲得運動に参加し、５月13日に開かれた「東京都農業者総決起大会」には実に100万１千余人の署名簿が高々と積み上げられ、大会の熱気を大きく盛り上げました。また、大阪府でも「新鮮な野菜とうるおいを提供する農地を守ろう、農地に対する宅地並み課税絶対阻止」と大書した懸垂幕を各農協に掲げるとともに、「とれとれ野菜、新鮮さを食卓に」等と表示したステッカーを自動車に貼ったり、市民に野菜やビラ等を配布したりといった新しい形態の運動が繰り広げられました。全国レベルでも11月30日には日本武道館に約8,000人が参集して「農地固定資産税据え置き、宅地並み課税反対全国農協・農委代表者大会」を開き、要求項目を再確認するとともに、大会後には都内パレードや駅頭でのチラシ、野菜・花の種等の配布を行い、都市住民に「宅地並み課税撤廃」、「都市農業確立」を訴えました。

攻防が激しさを増す中で、1982年度末に期限切れが迫っている「減額措置」に変わる対策について政府・与党において検討が進められた結果、最終的には①10年間営農を続ける意志のある場合宅地並み課税を猶予する、②猶予する農地の面積要件は団地および経営単位のいずれかが990㎡（1反）以上、③認定は農業委員会を経由し、農地課税審議会の議を経て市長が行う、④宅地並み課税対象をC農地まで拡大する。ただし、3.3㎡当たりの評価額が3万円未満のものは対象としない、等を骨子とする「長期営農継続農地制度」（宅地並み課税徴収猶予免除制度）（以下、「長営制度」）が制定されました。

同制度によって、たとえば東京圏では約84％、大阪圏では91％の農地が宅地並み課税を免がれることとなりました（1985年実績）。これまで、自治体独自の「宅地並み課税還元措置」にしろ、あるいは国の「減額措置」にしても基本的に短期間の緊急避難的措置でした。それらは、宅地並み課税を当面回避する手法としては評価できるものの、長期にわたって都市農地を保全するものではありませんでした。これに比べ「長営制度」がいくつかの条件付きながらも変動激しい都市地域において10年間の農業存続を認めたことの意義は、大きいといえます。

4 都市農地の宅地化促進再浮上――「長営制度」廃止へ

狂乱地価

「長営制度」が創設されてひと安心したのも束の間、早くも宅地並み課税強化・拡大の動きが再浮上してきました。その背景の一つは、1985年の後半あたりから東京都心部を中心に沸き起こった地価の急騰です。“狂乱地価”とさえ呼ばれたこの地価高騰は、東京都心部から東京周辺、大阪圏、名古屋圏、さらに地方中枢都市へと波及し、「地上げ」や土地投機の横行を生み、大きな社会問題になりました。これを機に、都市農地の宅地化促進を求める声が再浮上してきました。

皮切りは、経済界からの宅地並み課税強化の相次ぐ提言でした。日経連「地価抑制の提言」（1986年10月）、不動産協会「市街化区域農地の宅地並み課税措置の改善に関する要望」（1987年２月）、経済同友会「都市開発分野における規制撤廃や宅地並み課税の強化」（同年同月）等です。また、政府の「経済審議会」も1987年５月『経済構造調整特別部会報告』（新前川レポート）を出し、宅地供給促進、不公平税制是正の観点から「長営制度」、線引き等の見直しを求めました（これは、その後の各種審議会・調査会等での市街化区域内農地に対する見解の基調となりました）。

政府は、こうした動きを踏まえ、「臨時行政改革推進審議会（新行革審）内に設置された「土地対策検討委員会」（いわゆる土地臨調）を中心に地価高騰抑制の重点対策として都市農地の宅地化促進を掲げ、その推進のためにも「長営制度」の改廃に乗り出してきました。

プラザ合意・国際協調型経済転換・日米経済協力・内需拡大

宅地並み課税実施・強化の動きが急浮上した背景として見落とせないもう一点は、日米経済摩擦解消のための内需拡大路線です。1985年、わが国は「プラザ合意」によって欧米との貿易不均衡、とりわけ対米貿易不均衡の是正を迫られ、国際協調型経済への転換を図ることを求めらました。以後、政府はこれを実現していくための基本施策の一つとして内需拡大政策の強化を進めますが、その重要な柱が住宅政策でした。

1989年８月２日付の『日本経済新聞』は、「農地もっと宅地に」、「米、構造協議で迫る構え」の見出しを付け、次のように報じました。「ボスキン米大統領経済諮問委員会委員長は、９月に始まる日米構造協議の中で日本の土地問題を取り上げるのに関連し、『生産性の低い農地の一部を宅地に転用したらどうか』と提案、構造協議でその具体策を求める構えを示した」と。

予告は、実行に移されました。９月４日から始まった日米構造協議において、アメリカは日本の土地政策を取り上げ、高い地価が消費や輸入の拡大を抑制するとともに、外国企業の参入を阻害していると指摘し、それらの解決のためにも大都市地域の住宅・宅地供給促進のために市街化区域内農地の税制特例を廃止すべきこと等を要求してきました。この要求に対し、原田昇左右建設大臣（当時）はさっそく「アメリカ側が指摘する市街化区域の農地への宅地並み課税まで踏み込んだ緊急措置を講じなければならない」（『読売新聞』1989年9月5日付夕刊）等と表明し、アメリカの要請に即した対応をすることを公約しました。これにより、宅地並み課税等の強化が対外的に公約され、宅地並み課税強化の動きにいっそう拍車がかかりました。いまや市街化区域内農地の宅地化促進、そのための宅地並み課税強化は、日米経済摩擦を解消し、相互の協力関係を築くうえで必要不可欠な事項になったのです。

上記のように、一方で“狂乱地価”の抑制、他方で日米貿易摩擦の解消と経済協力の推進という社会経済状況のもとで都市農地の宅地化促進の動きが一気に高まってきました。マスコミ等も一斉に宅地化促進と宅地並み課税強化の論陣を張りました。「偽装農地」や「都市農地の宅地化促進で「ウサギ小屋」解消」等のキャンペーンはその一例です。都市農業は、これまで以上に厳しい圧力を受けました。「長営制度」の存続に赤信号が点滅し始めました。

ところで、政府はこの状況下で都市農地の宅地化促進の方策として宅地並み課税一本鎗では成果が十分得られなかった経緯を踏まえ、新しい対応策を提示してきました。それは、都市農業者に今後の農地利用について選択を迫る方法です。つまり、所有する農地を将来にわたって農業を続けるために保全するか、それとも宅地化するかを農業者自身に選択させるやり方、いわゆる二区分化方式です。しかも、保全する道を選択する場合、厳しい条件を付けたり、市街化調整区域への編入さえ打ち出したりしました。これは、「農地は守りたい、しかし農業収入だけでは家計が維持できない」多くの都市農業者の現状を逆手に取った巧妙なやり方です。そして、この都市農地の二区分化方式は、宅地並み課税強化と表裏一体となって政府の基本方針になっていきました。

農業側は「長営制度」の堅持を掲げつつも、同時に「長営制度」に代わる都市農業の保全制度を模索せざるをえなくなりました。当然、この模索をめぐって混乱や行き違いが生じましたが、農業者側のスタンスは次第に「長営制度」廃止後の都市農業保全制度の確立に向けて重心が移っていきました。「都市農業を都市計画の中に明確に位置づけ、より安定して都市農業が存続できる制度をつくれ」という声が高まってきました。こうして、この時期の農業者側は「都市農業の確立と農業のあるまちづくり」を基本スローガンにして、政府が提案してきた生産緑地制度改正等と切り結んでいかざるを得ませんでした。

政府はこれら一連の動きを踏まえ、1991年1月25日に「総合土地対策推進要綱」を閣議決定しました。この「要綱」では、市街化区域内農地の計画的宅地化を図るため①都市計画において保全するものと宅地化するものとの区分を明確にし、保全する農地については生産緑地制度を見直し、所要の法律案を今国会に提出する、②宅地化する農地については土地区画整理事業等を積極的に進めるとともに、農住組合制度を見直し、所要の法律案を今国会に提出する、③宅地化する農地は宅地並み課税の適用対象にする等を打ち出しました。

こうして、ついに宅地並み課税の完全実施を回避しながら都市農業を存続させてきた砦ともいうべき「長営制度」の命運が決まり、同制度は1992年度末で廃止となりました。しかし、最後に強調したいことがあります。それは、都市農業者がそれぞれの局面において都市農地の宅地化促進に抵抗して長期にわたり全面的な宅地並み課税実施を許さなかったことです。そして、厳しい条件等を付けられても都市で、さらに市街化区域でも農業を続ける拠点としての「保全する農地」の途を確保したことです。これは、都市農業を守り抜くための大きな礎です。

（橋本卓爾）

注

(1) 宅地並み課税をめぐる攻防の詳しい経緯については、橋本卓爾『都市農業の理論と政策』(1995年、法律文化社）の第6章「宅地並み課税問題と都市農業」を参照していただきたい。また、近年刊行されたものとしては、北沢俊春ほか編著『これで守れる都市農業・農地』(2019年、農文協）の第1章「市街化区域内農地をめぐる攻防」も参考になる。

(2) 三大都市圏特定市とは、首都圏整備法、近畿圏整備法、中部圏開発整備法に規定する次の3つのいずれかに該当する市・区を指す。① 東京特別区（23区)、② 首都圏・近畿圏・中部圏内の政令指定都市、③ ②以外の市でその区域の全部又は一部が三大都市圏の既成市街地、近郊整備地帯等の区域内にあるもの。宅地並み課税が実施された1973年当時は、182市・区（東京都の特別区は1特定市としてカウント)。なお、三大都市圏に属する都府県は、首都圏等「整備法」ではかなり広域の都府県を包含しているが、宅地並み課税実施当時に特定市が属している都府県は以下の通り。首都圏が茨城県、千葉県、埼玉県、東京都、神奈川県、近畿圏が京都府、大阪府、兵庫県、奈良県、中部圏が愛知県、三重県。

また、ABC農地とは次のような農地をいう。

A農地…その市町村の市街化区域内農地のうち3.3㎡の評価額が宅地価格以上か5万円以上の農地
B農地…3.3㎡の評価額が宅地平均価格未満、宅地平均価格の2分の1以上の農地
C農地…宅地平均価格の2分の1未満か、1万円未満の農地

Column ② 農業政策だけではなく都市政策の立場からも意義ある都市農業

都市の開発・整備を推し進めてきた都市政策においても、都市農業の位置づけ・役割は大きく変化しています。現在では都市農業への期待が高まっており、次のような施策の転換・取り組みが進められています。

土地利用の施策

都市政策では、土地の使い方や建物の建て方がまばらにならないよう、都市の一定の範囲内で用途地域というルールを定めています。人の活動の場を区分するという視点から、従来の用途地域には住居系・商業系・工業系から12種類の地域が指定されていました。人が集まりやすく、ものの行き交いも活発な商業地や生産の拠点となる工業地と、日常の生活の基盤となる住居地との配置のバランスに配慮しようとする考え方が基本となったものです。しかし、そこでは畜舎の建築の制限といった例はあるものの、農業に関する要素はほとんど入っていませんでした。一方、2018年には都市計画法・建築基準法が改正され、用途地域のなかに「田園住居地域」が創設されました。田園住居地域は「住宅と農地が混在し、両者が調和して良好な居住環境と営農環境を形成している地域」とされており、農地での開発行為が許可制になるとともに、一定規模以上の開発行為は原則不許可となっています。ただし、農産物の生産、集荷、処理や貯蔵のための農用施設や、農業の利便増進に必要な店舗、飲食店などの建築が可能です。「都市農業の場」が潤いある生活の実現に寄与することが期待されているといえます。

まちの活性化での役割

少子高齢化の対策として、現在の都市政策では人の居住を複数の拠点に徐々に集約させ、誰もが歩いて暮らせるようなまちをつくりだそうとしています。この「ウォーカブルなまちづくり」のなかではまちの賑わいをいかにしてもたらすかが重要視されており、道路・歩道・広場などの公共空間の活用が期待されています。代表的な活用例として市場・マーケットの開催があり、特に都市農業で得られた地域の農作物などの販売は最も魅力のある活動の一つです。地産地消が促されるとともに、農作物を生産・仲介する人と購入する人との直接的な対話などから「シビックプライド（都市・地域への誇りと愛着。自分自身が関わって都市・地域をよりよくしていこうとする、当事者意識にもとづく自負心）」が醸成されることも期待されています。（熊谷樹一郎）

第3章

生産緑地を基盤に都市農業を守り抜いた時代
― 1990年代初頭から2015年

KEY WORDS

市街化区域内農地の二区分化措置

「保全する農地」

改正「生産緑地法」

生産緑地指定

阪神淡路大震災

食料・農業・農村基本法

この章で学ぶこと

宅地並み課税をめぐる長い攻防の末、都市農地は「保全する農地」と「宅地化する農地」に二区分化されました。そして、「保全する農地」の受け皿となったのが改正「生産緑地法」にもとづいて指定された生産緑地です。

本章では、まず「生産緑地法」の改正と生産緑地指定の経緯について学びます。ついで、農業者がこの生産緑地をベースにして営々と都市農地を保全していくなかで、次第に都市農業によい風が吹き始めてきた背景やプロセスについて学びます。

1 「生産緑地法」の改正

前章で述べたように、「長期営農継続農地制度」の廃止が具体的日程にのぼる中で、市街化区域内農地を「保全する農地」と「宅地化する農地」に二区分化する措置が浮上してきました。そして、「保全する農地」の受け皿として生産緑地制度がにわかに再登場してきました。

生産緑地制度は、宅地並み課税の実施が強行された翌年、1974年に制定された「生産緑地法」に基づく制度ですが、生産緑地地区指定は、宅地並み課税の「減額措置」や「長期営農継続農地制度」の陰に隠れてほとんど機能せず、1980年代末当時でも東京都を中心にせいぜい約700haの指定にとどまっていました。生産緑地制度は、長い間いわば開店休業状態にありました。

そのため政府は、建設省を中心に「生産緑地法」の改定作業を大急ぎで進めてきました。こうした中、ぎりぎりまで「長期営農継続農地制度」の堅持を掲げていた農業側も運動の転換を余儀なくされ、都市農業の実態や農業者の意向に即した新しい生産緑地制度の策定に向けた運動に注力しました。とくに、①現行制度の指定面積要件（第一種生産緑地概ね1 ha、第二種概ね0.2 ha）では適用対象農地が少なく、多くの都市農地が対象外になるので都市農業の実態に即した面積要件にすること、②買い取り申出ができる期間を30年とするのは余りにも長すぎるので納得できない、また農林漁業の主たる従事者だけでなくそれに準じた者も買い取り申出ができるようにすべきだと強く要求しました。

「生産緑地法」改正に当たっては上記以外にも制度の内容を巡って幾多の攻防がありましたが、基本枠は建設省案で押し切られました。1991年4月19日参議院本会議において「生産緑地法の一部を改正する法律（平成3年法律第39号）」は、賛成多数で可決成立しました。その概要は**表1**のとおりです。

表１　改正前の生産緑地制度と改正後の生産緑地制度の比較

種　別	改正前		改正後
	第１種生産緑地地区	第２種生産緑地地区	生産緑地地区
債　務	―	―	国及び地方公共団体の都市における農地帯等の適正な保全を図ることによる良好な都市環境の形成の責務
対象地区	・市街化区域内農地 ・区画整理・開発行為に係る区域外 ・公害等の防止の効用、公共施設等の用地に適 ・用排水等の営農継続可能条件	・市街化区域内農地 ・区画整理・開発行為に係る区域内 ・公害等の防止の効用、公共施設等の用地に適 ・用排水等の営農継続可能条件	・市街化区域内農地 ・公害等の防止、農林漁業と調和した都市環境の保全等の効用、公共施設等の用地に適 ・用排水等の営農継続可能条件
地区面積	・おおむね 1ha 以上 永年作物農地、都市公園等と隣接して 1ha 以上となる農地等の場合はおおむね 0.2ha 以上	・おおむね 0.2ha 以上 区画整理・開発行為の区域面積の 30% 以下	・500㎡以上
地権者同意	・土地所有者等の同意	・土地所有者等の同意	・土地所有等の同意
都市計画の有効期間	―	・10 年間 ただし、１回に限り 10 年間の延長可能	―
生産緑地の管理	・農地として管理する責務	・農地等として管理する責務	・農地等として管理する責務 ・農地等の所有者等は、市町村長に対し、必要な助言、あっせん等の援助を求めることができる ・農業委員会に協力を求めることができる
建築等の制限	・宅地造成・建物等の建築等には市町村長の許可必要（農林漁業を営むために必要である一定の施設の設置等以外の場合は原則不許可）	・宅地造成・建物等の建築等には市町村長の許可必要（農林漁業を営むために必要である一定の施設の設置等以外の場合は原則不許可）	・宅地造成・建物等の建築等には市町村長の許可必要（農林漁業を営むために必要である一定の施設及び市民農園に係る施設等の設置等以外の場合は原則不許可）
買取り申出	・指定から 10 年経過後又は生産緑地に係る主たる農林漁業従事者の死亡等のとき、市町村長へ時価で買取りの申出可能（不成立の場合は、３か月後制限解除）	・指定から５年経過後又は生産緑地に係る主たる農林漁業従事者の死亡等のとき、市町村長へ時価で買取りの申出可能（不成立の場合は、１か月後制限解除）	・指定から 30 年経過後又は生産緑地に係る主たる農林漁業従事又はそれに準ずる者の死亡等のとき、市町村長へ時価での買取りの申出可能（不成立の場合は、３か月後制限解除）

出所：建設省都市局都市計画課、公園緑地課監修『生産緑地法の解説と運用』をもとに作成。本表は橋本卓爾（1995）『都市農業の理論と政策』（法律文化社）、187 頁より転載。

2 厳しい選択を短期間に

1991年9月10日、改正「生産緑地法」が施行されました。この段階から、生産緑地地区指定を含む市街化区域内農地の二区分化の選択は、“まったなし”の段階に入っていきました。関係農業者は、法施行の9月から生産緑地指定希望の申出が締め切られる1992年3月末の半年余りの間に「保全する農地」、つまり生産緑地地区の指定を希望するか、宅地並み課税が課せられる宅地化の道を選ぶか、二つに一つの難しい選択を迫られました。

この間、関係特定市において、改正「生産緑地法」等の説明、生産緑地地区指定規模申出の受付等が慌ただしく行われましたが、丁寧かつ十分な説明にはほど遠い状態でした。

生産緑地地区指定希望申出の受付は、1992年3月末をもって完了し、4月から年末にかけて生産緑地地区の指定作業が行われました。各関係都府県において若干の差異はあるものの、1992年末までには全ての特定市において市長名による生産緑地地区指定の告示が行われました。

なお、生産緑地地区指定においては、関係権利者の同意書の提出について一言触れておく必要があります。この年の指定においては、指定の作業日程が短期間ということもあり、とりあえず指定希望の申出を行い、後刻、指定同意書を提出するというスケジュールになりました。この指定希望申出から同意書の提出までの期間において、かなりの農業者が「保全」か「宅地化」をめぐって動揺し、最終的に同意書の提出を見送るケースが見られました。たとえば、大阪府では顕著な市では指定希望申出のあった農地のうち面積比で40%前後、少ない市でも10%程度で同意書が提出されないという事態が生じました。その結果、大阪府全体で同意書の提出が見送られたものが、540ha余りにのぼったと推定されます。つまり、指定希望申出面積の“目減り”減少が生じたのです。ここにも、二区分化措置に対する関係農業者の逡巡、選択の厳しさを垣間見ることができます。

3 生産緑地指定完了

三大都市圏特定市において生産緑地指定が完了した1992年末は、バブル経済が崩壊するとともに、構造不況の波が次第に高まっていく時期でもありました。**表2**は、生産緑地の指定結果を都府県別に整理したものです。まず、関係都府県全体の指定状況をみると、生産緑地地区指定面積は1992年末において1万5,070haとなりました。これは、当該市街化区域内農地面積4万9,951haの30％に当たります。このように関係都府県を平均すると、特定市の市街化区域内農地の約3割が生産緑地地区になりました。この結果は、皮肉にも「生産緑地改正法案」の国会審議の場において建設省が答弁した見込み数値とほぼ一致しています。

しかし都府県では、指定状況に相当のバラつきが見られます。たとえば、指定面積で見ると東京都3,983ha、大阪府2,479haと2地域が突出しており、総指定面積の43％を占めています。ついで、埼玉県、愛知県、神奈川県等となっ

表2　都府県別生産緑地地区決定および市街化調整区域編入状況（1992年末）

	市街化区域内農地面積a（ha）	生産緑地地区決定面積b（ha）	割合b/a（％）	市街化調整区域編入面積（ha）
茨城県	682	59	9	—
埼玉県	7,662	1,896	25	—
千葉県	5,653	1,091	19	—
東京都	7,520	3,983	53	—
神奈川県	6,017	1,382	23	13
首都圏計	27,534	8,411	31	13
愛知県	9,147	1,591	17	7
三重県	1,090	270	25	11
中部圏計	10,237	1,861	18	18
京都府	2,138	1,063	50	—
大阪府	6,062	2,479	41	33
兵庫県	1,711	616	36	—
奈良県	2,269	640	28	72
近畿圏計	12,180	4,798	39	105
全国計	**49,951**	**15,070**	**30**	**136**

注1：奈良県は決定告示準備中。
注2：市街化区域内農地面積は、1992年1月1日固定資産税課税台帳による（愛知県は1991年1月1日現在のものに時点修正を加えたもの）
出所：建設省発表による。本表は橋本卓爾（1995）『都市農業の理論と政策』（法律文化社）より転載。

表3　特定市（区）別生産緑地指定率状況

指定率	市区数	比率（%）
80%以上	0	0
70～80%未満	5	2.4
60～70%未満	16	7.8
50～60%未満	12	5.8
40～50%未満	26	12.6
30～40%未満	29	14.1
20～30%未満	49	23.8
10～10%未満	51	24.8
10%未満	18	8.7
計	206	100.0

注1：東京都特別区（23区）については区ごとにカウントしている。
注2：数値は、1992年末現在のもの。
注3：全体的に東京都内の市区において指定率が高く、逆に中部圏内の市において低い。
資料：橋本卓爾（1995）『都市農業の理論と政策』（法律文化社）掲載の表7-4表（194頁）を加工。原資料の数値は、関係都府県農業会議より聴取。

ています。指定率でみると50%以上は東京都（53%）、京都府（50%）です。また、40%台は大阪府（41%）のみ、30%台も兵庫県（36%）だけです。このように全国平均以上は4都府県にすぎません。これに対し、奈良県（28%）、埼玉県（25%）、三重県（同）、神奈川県（23%）の4県が20%台、千葉県（19%）、愛知県（17%）が10%台にとどまっており、茨城県では10%を切っています。

また、特定市ごとの指定率を見るといっそうばらつきが目立っています。70%を超える市がある反面で、数%にとどまっている市もあります。全体的には指定率が10%台の市（区）が51と最も多く、20%台がそれに続いてます。これに対し、指定率50%以上の市（区）は、33にとどまっています（**表3**）。このように生産緑地の指定状況は、当然ながら市街化区域農地が絶対的にも相対的にも大きなウエイトを占めている都府県や特定市において指定面積、指定率とも大きく、高くなっています。

上記のような指定状況は、次の二つのことを物語っています。

一つは、都市農業の全面的崩壊・壊滅をくい止め、都市農業の存続と新しい展開の足がかりをどうにか確保したという点です。別の言い方をすれば、「10年内に市街化する区域」と明記した市街化区域内＝都市専用区域内に農地保全の砦を築いたことです。マスコミや一部の論者は、生産緑地指定が都府県平均で30%であったことをとらえ「都市農業敗れたり」、「都市地域の農家の本性が見えた」と主張しています。しかし、これはあまりにも皮相的な見方です。都市農業が厳しい情勢下にあり、改正生産緑地制度に多くの問題や欠陥があるにもかかわらず、3分の1近くの農地が生産緑地として申請されたことの意味は大きいというべきです。すなわち、３分の１近くの農地が「保全する農地」として選択されたことは、「都市地域でも農業を続けたい」という強い願いや「都市に農業は絶対必要、どっこい、生き続けて行くぞ」という誇りを持った農業者がいまだ相当存在していることを物語っているとともに、“つぶされてなるものか”という農家の怒りの表明でもあります。生産緑地地区指定の背後にあるこの事実を、見落としてはなりません。

しかし同時に、都市農業の大幅縮小・後退、さらにはところによっては崩壊の危機さえ孕んでいるといった状況を否定することはできません。この点がもう一つの側面です。「保全する農地」が３割ということは、リアルに見れば実は７割近くが「宅地化する農地」だということです。「受難」と抵抗の時代においてなんとか宅地並み課税の完全実施を回避してきた農業者にとって、苦渋の選択の結果、大量の農地が宅地並み課税の対象になる「宅地化する農地」になりました。しかも、大量の「宅地化する農地」の発生により、「保全する農地」の周辺の生産環境が著しく劣悪化する危険もあります。この冷厳な事実にも目をそむけることはできません。

短期間にまさに慌ただしく推し進められた三大都市圏特定市の市街化農地の二区分化措置、その柱の一つである改正「生産緑地法」に基づく生産緑地指定は、上記のような結果を伴って一応終了しました。都市農業者は、この結果を踏まえながら自ら選択した「保全する農地」・生産緑地を拠点にして都市農業の存続の途を歩み始めました。時あたかもバブル経済が崩壊し、わが国経済が長期不況構造不況へと落ち込んでいく時期です[(1)]。

以後、農業者は国等の支援が不十分なもとでも粘り強く農地の保全に努めてきました。その結果は、三大都市圏特定市の市街化区域内農地の動向を示す**図1**からも明らかです。生産緑地は、指定が行われた1992年の１万5,109haから「都市農業振興基本法」が制定された2015年の１万3,110haへと25年近くの間に2,000ha弱（13％）の減少にとどまっています。まさに、生産緑地を基盤にして都市農業を守り抜きました。

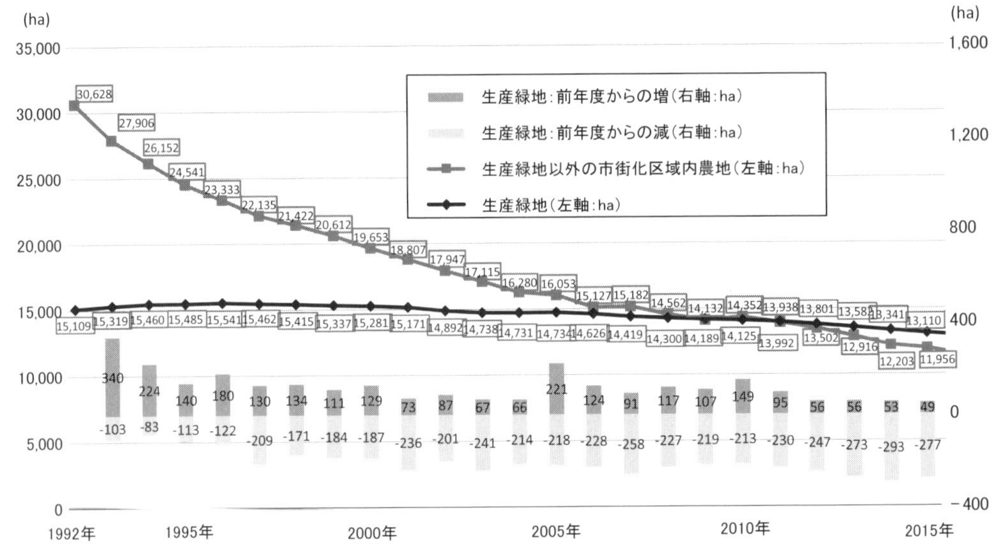

図1　三大都市圏の特定市における生産緑地地区等の面積の推移

出所：生産緑地以外の市街化区域内農地：総務省、「固定資産の価格等の概要調書」生産緑地：国土交通省調べ。

4 阪神淡路大震災の発生と都市農業への気づき

1995年1月17日、阪神淡路大震災が発生しました。わが国有数の都市地域である阪神地域で起こった大災害によって膨大な都市住民が被災し、各種都市施設が甚大な被害を受けました。この大震災は、都市の構造やあり方、今後の防災対策等を考えるだけでなく、都市農業の存在価値を見直すうえでも多くの教訓を残しました。

いくつか具体的事例を紹介しておきましょう。地震発生の翌日、約1,300個のおにぎりを作り、被災者に届けたのは神戸市内の農業者たちでした。そして、その後も1日6,000個の目標を立てておにぎりを握り続け、合計すると約25万個ものおにぎりを被災者に届けました。最初に温かい炊き出しを始めたのも神戸市内の農業関係者です。新鮮な野菜を格安で販売し、その代金を復興のために寄付したのも農業者です。そして、支援活動は神戸市内だけでなく周辺の市町村の農業者にも広がっていきました。

農地が延焼など災害の広がりを防ぎ、緊急の避難場所や支援物資の置き場にもなりました。農地が防災空間としての機能・役割をもっていることが衆目のものとなりました。荒廃したまちにあって震災にも負けずに青々と育つ野菜に勇気づけられたという人々もいました。こうした神戸市やその周辺の農業者の献身的な支援活動に接し、はじめて神戸市にも農業があったこと、それを担う人々がいたことを知った市民も少なくありません。

大震災によって明らかになったことは、農業・農地が都市住民の近くにあることの大切さです。都市住民の暮らす場所の近くに農地があり、それを営々と耕す人がいることが、大震災のような災害発生の際に都市住民のいのちやくらしを支えることが明らかになりました。もちろん、阪神淡路大震災のような大災害に対し地域の農業の果たす役割には自ずと限界がありますが、大災害時における都市農業の存在価値や農業者の献身はけっして小さくありません。阪神淡路大震災は、都市農業を多くの人々に気づかせる契機になりました。[(2)]

5　「食料・農業・農村基本法」の制定
── 都市農業に一条の光が

1999 年、21 世紀初めのわが国農政を左右する「食料・農業・農村基本法」が成立しました。本法律において「国は、都市及びその周辺における農業について、消費地に近い特性を生かし、都市住民の需要に即した農業生産の振興を図るために必要な施策を講ずるものとする」（第 36 条 2 項）と明記されました。そこには、これまで都市農業関係者が繰り返し強調してきた「都市農業を国の農業政策の埒外（らちがい）におかず、不可欠な一環として位置づけよ」の声が遅まきながら盛り込まれています。国の農業政策の基本方向を定めた「食料・農業・農村基本法」に都市農業の振興という文言が明記されたことは、宣言的色彩が強いもののその意味は重大です。

さらに、「基本法」は都市農業の位置づけを明確にするうえで大きな役割を果たしました。都市農業を「都市およびその周辺の農業」と明記したことは、都市農業の実像を理解するうえで大きな意味をもっています。宅地並み課税や生産緑制度をめぐる長い間の攻防の中で、都市農業イコール市街化区域内の農業・農地というイメージが定着していたからです。都市農業を市街化区域内に閉じ込める固定観念が根強くありました。「基本法」で明記した「都市及びその周辺」という言葉は、この固定観念を払拭しました。都市地域に農地を所有する農業者や農業政策・都市政策等を担当する行政担当者からすると、市街化区域と市街化調整区域を分ける境界線は大きな意味を持っています。しかし、その線は市役所の作成した都市計画図面にははっきりと描かれていますが、実際には目に見える形で境界線が引かれているわけではありません。都市住民にとっては図面上の区域区分や境界線が問題ではありません。要は、自分たちの身近に存在し、自分たちのいのちやくらしにいかに結びついているか、関係しているかが問題なのです。阪神淡路大震災も教えるように農業が市街化区域にあるかどうかではなく、農業・農地が都市住民の近くにあり、都市住民のいのちやくらしに役立つかどうかが大切なのです。

また、この間「循環型社会形成推進基本法」(2000年)、「食料安全基本法」(2003年)、「食育基本法」(2005年)等、食料や環境に関わる基本法、したがって都市住民のいのちやくらしの基本方向を規定する法律が相次いで制定されたことも都市農業の存在意義を考えるうえで無視できない役割を果たしました。

6 都市農業によい風が吹き始めた
――「都市農業振興基本法」制定への序曲

「食料・農業・農村基本法」に都市農業の振興が明記されたことを契機に、その後都市農業のあり方や保全・振興に関する提言等が各方面から次第に広がっていきました。国の都市農業に関する位置づけも変化が見え始め、「沈黙と闇」の中に押し込められていた都市農業に一筋の光明が輝き始めました。以下、時系列的に主だった動きを列記しておきます。

・ 1999年、農林水産省関東農政局内に「都市農業検討会」を設置し、翌年に「都市農業検討会報告書」作成・発表。都市農業地域を多く抱える関東農政局から都市農業の見直しの動きが始まった。

- 2003 年、国土交通省社会資本整備審議会都市計画部会等において都市内の農地やみどりを積極的に評価し、保全することが重要である旨の答申や報告。この時期、都市計画サイドからも都市農業・農地の存在価値を評価する議論が浮上。
- 2003 年～ 2004 年、「日本農林漁業振興協議会」「日本農業法人協会」など農協・農業委員会以外の農業団体等から都市農業の保全・振興について提言。
- 2005 年、農林水産省農村振興局農村政策課に都市農業・地域交流室設置。のち、都市農業室設置。
- 2006 年、「住生活基本計画」（全国計画）において市街化区域内の農地を市街地の貴重な緑地資源として認識し、保全を視野に入れ、住宅地と農地が調和したまちづくりを進める必要性を明記。住宅政策の観点から都市農業・農地の存在価値を評価。
- 2010 年、5 年ごとに国の食料・農業・農村政策の基本方向と対策を決定する「食料・農業・農村基本計画」において新鮮で安全な農産物の都市住民への供給、身近な農業体験の場の提供、災害に備えたオープンスペースの確保等、都市農業の機能や効果が十分発揮できるよう、都市農業を守り、持続可能な振興を図るための取り組みを推進すると明記。都市農業を振興することの意義と方向性を明文化。
- 2011 年、国土交通省都市計画制度小委員会「これまでの審議経過について（報告）」で都市農地は必然性のある（あって当たり前の）安定的な非建築的土地利用として活かしていくと言及。また、市街化区域の再定義に併せた農業政策上の位置づけの見直しの必要性を提起。都市農業・農地の存在価値に対するより明快な認識を提示。
- 2011 年、農林水産省「都市農業の振興に関する検討会」設置。翌年 8 月に「中間取りまとめ」を発表。都市農業を取り巻く環境変化が大きく変化し、いまや都市において農業・農地は新鮮で安全な農産物の供給など住民の暮らしに深く関わる多様な機能を果たすことが期待されていることを提起。また、地方公共団体においてもまちづくりの中に農業・農地を位置づけ、活用する基本的方針を明らかにすべきと提起。都市農業の振興について大きく踏み込む。

・2012年、国土交通省都市計画小委員会中間とりまとめ「都市計画に関する諸制度の今後の展開について」で都市計画の制度面、運用面において「集約型都市構造化」と「都市と緑・農の共生」の双方が共に実現された都市をめざすべき都市像にすると明記。また、都市農地を消費地に近い食料生産地や避難地等として都市内においても保全が図られることが重要と言及。都市計画サイドから都市農業の保全・振興の妥当性を提起。

上記のような経緯の中で次第にこれまでの都市農業、とりわけ市街化区域内農業・農地に対する都市政策・都市計画制度と農業政策を見直し、都市農業を持続可能にする法整備が不可欠であることの共通認識が次第に醸成されていきました。都市住民の都市農業の存続に対する支持・賛同の声も広がっていきました。都市地域の農業者と農業団体の長年にわたる粘り強い都市農業を守るための取り組みが功を奏し、都市農業振興に関する法整備に賛同する国会議員も増えていきました。宅地並み課税攻防の時代・「受難」と抵抗の時代には想定することもできなかった新しい局面が創りだされていったのです。「都市農業振興基本法」制定の基盤が整備され、制定を求める機運が高まっていきました。[(3)]

（橋本卓爾）

注

(1)「生産緑地法」の改正をめぐる経緯、改正「生産緑地法」に基づく生産緑地の指定状況や生産緑地制度の問題点・課題等については、橋本卓爾『都市農業の理論と政策』（前出）第7章「生産緑地制度と都市農業」、同「生産緑地法で都市農業は守れるか」『農業と経済――マチを耕す』（2000年9月臨時増刊号）を参照していただきたい。なお、併せて前掲『これで守れる都市農業・農地』でも生産緑地制度についてわかりやすく解説している。

(2) 阪神淡路大震災における農協等農業サイドの支援活動については、『農村と都市のきずなを強めて――阪神・淡路大震災とJAの活動』（兵庫県農業協同組合中央会、1995年）等が参考になる。

(3) 都市農業に対する国等の位置づけの変容過程については、橋本卓爾『都市農業に良い風が吹き始めた』（大阪農業振興協会ブックレット No.2、2019年）第1部の2「「都市農業振興基本法」制定の道のり」を参考にした。

第4章

都市農業振興の時代へ
― 2015年以降

KEY WORDS

都市農業振興基本法

都市農業振興基本計画

「あるべきもの」

都市農業新時代

この章で学ぶこと

2015年、都市農業の存続を願う全ての人々が、大きな喜びに包まれました。待望の「都市農業振興基本法」が制定されたからです。また、「基本法」を具現化するための国及び地方公共団体の「都市農業振興基本計画」も策定されています。やっと、都市農業が都市に「あるべきもの」として位置づけられ、振興の対象になりました。都市農業新時代の到来です。

本章では、「基本法」「基本計画」の意義や内容とともに、その制定の背景についても学びます。

1　「都市農業振興基本法」の制定

2015年4月14日、議員立法の「都市農業振興基本法案」が参議院本会議に上程され全会一致で可決・成立しました。同月16日には衆議院本会議で可決・成立し、22日に公布・施行されました。わが国で初めての「都市農業振興基本法」（以下、「基本法」）の制定です。宅地並み課税攻防の時代には到底想定されなかった新しい局面の到来です。それだけに、今回の「基本法」の制定は、都市農業復権の礎を築いたといえます。

しかし、この新局面は一朝一夕に出現したものではありません。1999年制定の「食料・農業・農村基本法」において短い条文ですが都市農業の振興が明記され、都市農業に一筋の光明が見えてからだけでも15年の歳月が経っています。都市農業を都市に「あるべきもの」として明確に位置づけるまでには長い期間を要したことを看過してはなりません。

「基本法」は、第1条目的から始まり、第2条定義、第3条基本理念、第4～6条国、地方公共団体の責務と都市農業を営む者等の任務、第7条関係者相互の連携及び協力、第8条法制上の措置等、第9条都市農業振興基本計画、第10条地方計画、第11～20条国等が講ずべき基本施策、第21条関連省間の連携協力による施策推進、によって構成されています。その概要は、**図1**のとおりです。

同法のポイントと思われる事項や注目すべき点について簡潔に指摘しておきましょう。まず第1は、この法律の目的を都市農業の安定的継続と都市農業の多様な機能の適切・十分な発揮による良好な都市環境の形成に置いていることです。都市農業の振興を農業の安定的な継続だけにとどめず、良好な都市づくりに結びつけていることです。筆者はかねてから都市農業を「都市に生き、都市をつくる農業」と捉え、「農業のあるまちづくり」を提唱してきました。今回制定された法は、都市農業を住みよいまちづくりの必要不可欠な一環として捉える筆者の認識と共通したものとなっています。

第2は、第2条で都市農業を「市街地及びその周辺の地域において行われる農業」と規定したことです。これにより都市農業を市街化区域内に、さらには

目的

基本理念等を定めることにより、
都市農業の振興に関する施策を総合的かつ計画的に推進

①都市農業の安定的な継続
②都市農業の有する機能の適切・十分な発揮→良好な都市環境の形成

都市農業の定義

市街地及びその周辺の地域において行われる農業

施策推進のための三つのエンジン

基本理念	国・地方公共団体の責務等	都市農業振興基本計画等
◆都市農業の有する機能の適切・十分な発揮とこれによる都市の農地の有効活用・適正保全 ◆人口減少社会等を踏まえた良好な市街地形成における農との共存 ◆都市住民をはじめとする国民の都市農業の有する機能等の理解	◆国・地方公共団体の施策の策定及び実施の責務 ◆都市農業を営む者・農業団体の基本理念の実現に取り組む努力 ◆国、地方公共団体、都市農業を営む者等の相互連携・協力 ◆必要な法制上・財政上・税制上・金融上の措置	◆政府は、都市農業振興基本計画を策定し、公表 ◆地方公共団体は、都市農業振興基本計画を基本として地方計画を策定し、公表

国等が講ずべき基本的施策

① 農産物供給機能の向上、担い手の育成・確保
② 防災、良好な景観の形成、国土・環境保全等の機能の発揮
③ 的確な土地利用計画策定等のための施策
④ 都市農業のための利用が継続される土地に関する税制上の措置
⑤ 農産物の地元における消費の促進
⑥ 農作業を体験することができる環境の整備
⑦ 学校教育における農作業の体験の機会の充実
⑧ 国民の理解と関心の増進
⑨ 都市住民による農業に関する知識・技術の習得の促進
⑩ 調査研究の推進

図１　都市農業振興基本法の概要

出所：農林水産省「都市農業振興基本法のあらまし」３頁より転載。
https://www.maff.go.jp/j/nousin/kouryu/tosi_nougyo/attach/pdf/kihon-1.pdf

三大都市圏特定市に限定する偏狭な認識から脱却するとともに、都市農業の実態に即したごく当たり前の捉え方に立ち返ることになりました。

第３は、基本理念を掲げた第３条の冒頭で「都市農業が、これを営む者及びその他の関係者の努力により継続されてきた」と明記したことです。前の各章で繰り返し指摘したように都市農業は「三重の排除攻勢」のもとで縮小・後退を余儀なくされてきました。この厳しい環境のもとで“どっこい生き残った”ことは都市農業者の頑張りに負うところが大です。当然の事実とはいえ、条文に明記したことは注目に値します。

第４は、都市農業の多面的機能・役割を明記し、この機能・役割を適切かつ十分に発揮するためにも都市農地の保全・活用と農と共存する市街地形成が不可欠であることを強調していることです。とくに、都市農業のための利用が継続される土地とそれ以外の土地との共存を明文化した意義は大きいといえます。

第５は、第9･10条で国及び地方公共団体に「都市農業振興基本計画」（以下、「基本計画」）の策定を課していることです。この点は、同法が理念の提示で終わることなく、総合的かつ計画的な施策を展開して真に都市農業の振興に資するために必要不可欠です。ですから、この「基本計画」のあり様が「基本法」の成否を大きく左右します。とりわけ、地方公共団体の「基本計画」（基本法では地方計画という）が重要です。それだけに、欲をいえば大都市を抱える地方公共団体の「地方計画」の策定は努力規定でなく義務規定にすべきだと思います。

第６は、第８条で都市農業の振興に関する施策を実施するため必要な法制上、財政上、税制上、金融上等の措置を国に義務づけたことです。問題は、国が今後どれだけスピード感をもって実効性のある措置をとるかです。

第７は、国等が講ずべき基本的施策を10項目に整理して提示したことです。これらの施策はいずれも都市農業の振興のためには欠かせない重点施策であり、地方公共団体が策定する地方計画にも反映されるべきものです。要は、これら施策をどのように総合的かつ計画的に実施し、実効性を担保していくかです。

以上、７点に整理して「基本法」のポイントや注目点を指摘しましたが、いずれにせよ今後の都市農業を守り、発展させるうえで重要な砦が築かれました。大きな前進です。

2 「都市農業振興基本法」制定の背景

では、なぜこのような法律が制定されたのでしょうか。「基本法」の第3条や「基本計画」にその根拠や理由が示されています。例えば、「基本法」では、都市住民に地元産の新鮮な農産物を供給する機能、都市における防災、良好な景観の形成並びに国土及び環境の保全、都市住民が身近に農作業に親しむとともに農業について学習することができる場並びに都市農業を営む者と都市住民及び都市住民相互の交流の場の提供、都市住民の農業に対する理解の醸成等の都市農業が果たしている多様な機能を掲げ、これらの役割・機能こそ法制定の根拠としています。

また、「基本計画」では、より最近の状況を踏まえた次のような根拠・理由をあげています。①食の安全への意識の高まり、②都市住民のライフスタイルの変化や農業関心を持つリタイヤ層の増加、③学校教育や農業体験を通じた農業に対する理解と地域コミュニティ意識の高まり、④人口減少に伴う宅地需要の鎮静化等による農地転用の必要性の低下、⑤東日本大震災を契機とした防災意識の向上による避難場所等としての農地の役割への期待、⑥都市環境の改善や緑のやすらぎ、景観形成に果たす役割への期待です。

これらの指摘は的外れでもなければ間違ってもいません。しかし、都市農業の果たしている多様な機能や都市農業をめぐる社会経済状況をさらっと指摘するだけでは「基本法」制定の背景、さらには都市農業の位置づけの大転換を説明するには不十分です。都市農業に対する位置づけが大きく変わり、「基本法」制定に至る背景には次で述べるような重大な社会的情勢変化があったと捉えるべきです。基底を流れる大きな潮流を見落としてはなりません。この社会的状況変化や今後の方向性等については本書第3部の各章でも論述されるので、ここではポイントと思われる4点を指摘しておきましょう。

背景の第1は、都市住民をめぐる食料問題の深刻化とそれを改善・打開しようとする市民の声の高まりです。近年、「安全・安心・安定・新鮮」という食料の4原則が崩れ、市民の“いのちとくらし”が脅かされるという事態が広がっています。こうした食料をめぐる問題が深刻化する中で多くの市民は不安と怒りの声を上げるだけでなく、生産者との連携を図りながら安心・安全な食料を確保する運動や食料の安全性確保のための法制度の確立・強化を求める運動を広げつつあります。また、食料の生産の場と消費の場が時間的にも空間的にも離れ、生産者の顔も消費者の顔も見えない状況を打開していくために、地産地消、スローフード、フードマイレージ削減等の動きに見られるように命や健康の源である食べ物をまず自分たちの住んでいる地域や周辺で生産されたものに切り替えていこうとする運動、それぞれの地域にある食材や食文化を大切にする運動、食料生産の場と消費の場の交流・連携をめざす取り組み等が拡大しつつあります。

第2の背景は、都市における環境問題の深刻化とそれを打開する取り組みの前進です。都市の環境問題の深刻化といっても多様な側面がありますが、自然・緑の消失と退行は見過ごすことのできない問題です。『都市の自然史』が指摘するように、ホタル、トンボ、メダカなど「生き物たちの死の行進」は、緑地率（1平方kmの区画内で公園、田・畑、林、寺社や農家の庭などまとまった緑におおわれた緑地の比率）が50%以下になると急激に進んでいます。いまや都市は、生物多様性が最も脆弱なところとなっています。この「生き物たちの死の行進」の場となる緑地率50%以下の地域で人間だけが健康で安全に生き続けられる保障はどこにもありません。鉄とコンクリートに覆われ、ヒートアイランド現象が深刻化している現代の都市において自然・緑・農の空間は不可欠であり、「ネイチャーポジティブ」（自然再興）が急務になっています。

また、地球的規模での環境問題の深刻化のもとで国連においてSDGs（持続可能な開発目標）の策定に代表されるように国際的に資源循環や持続可能性を重視する思想や取り組みの広がりにも注目する必要があります。大量生産・大量消費・大量廃棄（使い捨て）型社会が行き詰まるもとで持続可能な循環型社会の形成が焦眉の課題となっていますが、そのためには、土・水・緑といった自然環境を構成する資源を保全するとともに、農業の存続と都市と農村の連携が絶対に必要不可欠になっています。

第3は、都市構造とあるべき都市像をめぐる大きな変化です。少子・高齢化の進行、人口減少の顕在化、空き家・空地の増加等の中で「都市は人口が増加し、拡大するもの」「宅地・住宅が足りない」といった神話が崩れてきました。東京や特定の地方中枢都市（札幌市、福岡市等）への一極集中の弊害が顕著になり、これ以上特定の大都市に人口や諸機能を集中させるべきでないという声が高まっています。

また、都心部の空洞化とともに郊外の無秩序な開発・拡大が進む中でこれまでのような広域分散型の都市形成を改め、コンパクトなまちを再構築すべきだという動きが強まっています。緑豊かなまちや「エコシティ」が求められています。こうした都市構造やあるべき都市像をめぐる大きな変化の中で、都市農業・農地を潰すことの理不尽さ、非合理性が明確になってきました。さらに、阪神淡路大震災や東日本大震災・大津波等の大災害の中で都市農業の存在価値、「いのち綱」としての価値がより鮮明になってきました。都市の防災・減災を図るためにも都市農業の存在が不可欠なことがより鮮明になってきたのです。

そして、第４は、都市農業者等の頑張りによって存続してきたもののこのまま放置すると消滅しかねないという都市農業の危うい現状です。

都市における住宅不足が大きな問題になった高度経済成長期や大都市での地価高騰が顕在化したバブル期、都市農業は住宅不足や地価高騰の元凶とされました。心ない評論家やマスコミは、都市農業を潰せば「ウサギ小屋が解消できる」「地価は下落する」などと吹聴しました。税金逃れのための「偽装農地」といった攻撃も繰り返されました。農地でありながら宅地並み課税という理不尽な課税も強行されました。高額な相続税にも苦渋してきました。しかし、都市農業者は農の営みを止めることなくプライドと確信を持って頑張ってきました。失ったものも少なくありませんが、この農の営みの継続があったからこそ農地のかい廃をくい止めながら新鮮な農産物の供給をはじめとする多面的役割・機能を発揮することができたのです。

でも、都市農業者の頑張りにも限界があります。都市農業は、担い手の高齢化、後継者不足、生産環境の悪化、厳しい農産物市場環境の悪化、今なお存在する宅地並み課税等々深刻な問題が山積しています。安定的継続のための支援や振興が急務になっています。

3　「都市農業振興基本計画」の策定

2016年5月、「基本法」第9条に基づき国の「都市農業振興基本計画」(以下、「基本計画」)が策定されました。「基本計画」の構成は、第1　都市農業の振興に関する施策についての基本的な方針、第2　都市農業の振興に関し政府が総合的かつ計画的に講ずべき施策、第3　都市農業の振興に関する施策を総合的かつ計画的に推進するために必要な事項から成っています。「基本計画」は、A4判で31頁もの大部であり、その内容を逐一紹介することは紙面の関係で困難ですので、ポイントを絞って紹介しておきましょう。

まず、基本計画では都市農業を農業政策と都市政策の両面から次のように再評価しています。農業政策上では①国の食料自給率の一翼を担っている、②地産地消、体験農園等都市住民のニーズに応えた農業を展開している、モデルになっている、③農業や農業政策に対する国民的理解を醸成する身近なPR拠点となっているとして都市農業を再評価しています。また、都市政策上では①「集約型都市構造化」と「都市と緑・農の共生」をめざすうえで都市農地は貴重である、②都市農業が都市の重要な産業になってきた、③農地が民有の緑地として適切に管理されることは持続可能な都市経営のためにも大きな意義があるとして再評価しています。こうした都市農業の存在価値・役割については、すでに農業者を始め多くの論者が指摘していますが、改めて国が都市農業の価値を評価したことは喜ばしいことです。

ついで、都市農業振興に関する新たな施策の基本課題として(1)都市農業の担い手の確保、(2)都市農業の用に供する土地の確保、(3)農業施策の本格展開を提示しています。そして、これを踏まえ都市農業振興のために今後講ずべき重点施策を掲げています(その概要は、**図2**、**図3**参照)。これらはいずれも都市農業の安定的な継続と良好な都市環境の形成を図っていくためには不可欠な課題ですが、今後どのように具体化し、実効あるものにしていくかについては本書第3部の各章で詳しく論述されますのでここでは概要の紹介に留めておきます。

なお、農地に対する税制問題について少し触れておきたいと思います。これまで繰り返し述べたように都市農業は都市農地を巡る税制によって左右されて

露地栽培による障害者雇用農園（茨城県つくば市）

図２　都市農業振興基本計画の概要

出所：農林水産省「都市農業振興基本計画について」より転載。
https://www.maff.go.jp/j/council/seisaku/nousin/bukai/r0102/attach/pdf/index-5.pdf

きました。それだけに、都市農業の保全や振興には農地に対する税制の抜本的見直しが不可欠で、避けて通れない重要課題です。当然ながら農業者の関心も高くなっています。しかし、「基本法」「基本計画」においても農地税制に関しては歯切れが極めて弱いといわざるをえません。例えば、人口減に伴い宅地需要が沈静化しているもとでも宅地供給促進を目論んで導入された宅地並み課税を続けていくのかどうか、農地でありながら宅地とみなし、農地から得られる所得よりはるかに高額の課税を課す宅地並み課税は近代税制の原理から見て適切なのかどうか、農業継続に不可欠で農地との一体的利用がなされている農業用施設への現行課税は都市農業の保全から見て適切なのかどうか、農地の相続税評価方法は現行のままでいいのか、自作農主義優先の相続税納税猶予制度は

1 農産物を供給する機能の向上並びに担い手の育成及び確保
・ 福祉や教育等に携わる民間企業による都市農業の振興への関与の推進
・ 都市住民と共生する農業経営（農薬飛散等対策）への支援策の検討

2 防災、良好な景観の形成並びに国土及び環境の保全等の機能の発揮
・ 関係団体との協定の締結や地域防災計画への位置付けなど防災協力農地の取組の普及の推進
・ 屋敷林等について、緑地保全制度の活用促進、地域住民による農業景観の保全活動の展開

3 的確な土地利用に関する計画の策定等
・ 将来にわたって保全すべき相当規模の農地については、市街化調整区域への編入（逆線引き）の検討
・ 都市計画の市町村マスタープランや緑の基本計画に「都市農地の保全」を位置付け
・ 生産緑地について、指定対象とならない500㎡未満の農地や「道連れ解除」への対応
・ 新たな制度の下で、一定期間にわたる営農計画を地方公共団体が評価する仕組みと必要な土地利用規制の検討

4 税制上の措置
新たな制度の構築に併せて、課税の公平性の観点等も踏まえ、以下の点について検討
・ 市街化区域内農地（生産緑地を除く）の保有に係る税負担の在り方
・ 貸借される生産緑地等に係る相続税納税猶予の在り方

5 農産物の地元での消費の促進
・ 直売所等で取り扱う農産物等についての効率的な物流体制の構築の推進
・ 学校給食における地元産農産物の利用のため、生産者と関係者の連携を強化

6 農作業を体験することができる環境の整備等
・ 市民農園等の推進に向け、広報活動や体験プログラムの作成等に知見を有する専門家の派遣
・ 都市住民が農業を学ぶ拠点としての都市公園の新たな位置付けを検討
・ 福祉事業者等が農業参入時に必要となる技術・知識の習得等を支援

7 学校教育における農作業の体験の機会の充実等
・ 都市農業者等の学校への派遣の拡大と、統一的な教材の整備等を推進

8 国民の理解と関心の増進
・ 食と農に関する様々な展示を行うイベントの仕組みの検討

9 都市住民による農業に関する知識及び技術の習得の促進等

10 調査研究の推進

図3　都市農業振興基本計画　講ずべき施策

出所：農林水産省「都市農業振興基本計画について」より転載。
https://www.maff.go.jp/j/council/seisaku/nousin/bukai/r0102/attach/pdf/index-5.pdf

農業経営を継続するうえで合理的なのかどうか等々、検討すべき課題は山積しています。これらの課題については、基本計画の「施策検討の留意点」の項でいくつか取り上げられてはいますが、農家が切望している抜本的改革には踏み込めていません。それだけに、今後この税制問題に具体的かつ実効ある形で踏み込んでいくかが大きな課題になっています。

上記のように「基本計画」には今後の検討課題として残されている項目もありますが、国の「基本計画」の策定は「基本法」が掲げた理念や目的を実効あるものにしていくために大きな意義を持つだけでなく、都市農業のより近くに存在し、その振興に深く関連している地方公共団体（都府県・市町村）の「都市農業振興基本計画」（いわゆる地方計画）の策定にも大きな影響力を与えています。都市農業は地域によって多様です。それだけに、都市農業の実態に即した地方計画の策定が切望されています。現在（2022年3月末）、9の都府県、86の市区町

において地方計画が策定されていますが、全体として市区レベルでの計画が、地域別では関西圏や中部圏での策定が遅れています。今後、この遅れを克服しつつ、都市農業の未来を切り開く地方計画の策定が求められています。いずれにせよ、国の「基本計画」の策定によって当面都市農業の保全さらには振興に大きな一歩を踏み出しました。この歩みを止めてはなりません。都市農家はいうまでもなく都市農業の保全と持続的発展を願う全ての人々の行動が試されています[(1)]。

4　都市農業の歩みから学ぶこと

以上述べてきたようにわが国の都市農業は、1950年代後半から60年代にかけて一般的に都市農業と呼ばれ始めて以降、宅地並み課税攻防の時代（1960年代末から1990年代初頭）、生産緑地を基盤に都市農業を守り抜いた時代（1990年代初頭から2015年）、都市農業振興の時代（2015年以降）へと変遷しながら現在に至っています。この半世紀余りの都市農業の歴史は多くのことを私たちに教えていますが、ここではまとめに代えてとくに重要と思われる教訓を簡潔にまとめておきましょう。

その第1は、都市には農業は不要、邪魔であり、排除して当然という考え方は間違っていたということです。都市農業の存続をめぐる長い攻防のなかで都市においても農業は「あるべきもの」、なくてはならないものとなったことです。農業を無視・軽視する都市計画・都市政策はいまや通用しません。

第2は、都市農業は放置や排除の中でも“どっこい”生きてきた、生きていることです。そして、その原動力は農業者の粘り強い営農活動です。しかし、長年にわたる厳しい環境下で失ったものも少なくありません。今後安定的な継続を図っていくためには幾多の課題が山積しています。

第3は、都市農業は農業関係者の頑張りだけでは守れない、広範な都市住民や国・地方公共団体等の支援・協力が必要・不可欠だということです。

第4は、農地に対する重税攻勢に長く苦渋してきた都市農業にとって農地課税の軽減・適正化が不可欠であるということです。しかし、それだけで都市農業が守れるものではなく、健全な農業生産・農業経営の継続のための農業政策の拡充・強化が求められています。

第５は、都市農業は三大都市圏特定市や市街化区域内に限定してはならないということです。宅地並み課税など都市農業問題が三大都市圏特定市に集中したため都市農業をそのエリアに限定して捉えがちでしたが、都市農業はもっと幅広く、奥行きのある存在です。

最後に第６として、都市農業はその基盤である農地や担い手は著しく縮小・後退しましたが、その存在価値・役割はけっして減退することなくますます明らかになったことです。

上記のことに加え、もう一点付言しておく必要があります。それは、都市農業には多様な歴史があるということです。本書では都市農業をめぐる社会経済情勢と法制・政策に焦点を当てて都市農業の歩みを見てきました。しかし、都市農業の歴史はそれだけにとどまるものではありません。何に、どこに視点を置くかによって都市農業の歴史はそれぞれ違ってきます。

たとえば、農業の基礎的資源である農地・農家・農業従事者等に視点を置いてその歩みを見ると「縮小・後退さらには消滅」の歴史という色彩を濃くします。農業経営形態に焦点を当てると都市近郊農業の特色を継承しながらも多彩な栽培技術の開発、新しいマーケティングや販売チャネルの開拓など前進的な動きを伴った歴史を描くことができます。栽培作物の変遷に光を当てると、また興味深い歴史的事実に出会うこともできます。さらに、東京や大阪、京都等特定地域に焦点を当てると地域史とも重なって地域の変遷過程を鮮明にすることもできます。

このように、都市農業は、幅広く、奥行きの深い存在ですのでその歴史も多様です。しかし、残念ながら都市農業史の研究はまだまだ緒に就いたばかりです。都市農業が、やっと「あるべきもの」と位置づけられ、今後安定的に継承されていく中で都市農業に関する歴史研究がより豊かに発展することを願うのみです。

（橋本卓爾）

注

（1） 本章１、２、３については、橋本卓爾（2019）『都市農業に良い風が吹き始めた』（大阪農業振興協会ブックレット No.2）の第１部、第２部を大幅に加筆、修正して作成した。

引用・参考文献

品田穣（1974）『都市の自然史』中公新書。

第2部

都市農業のいま
どっこい生きている都市農業

京都市北区、北山駅付近（2023 年）

第5章

生産緑地の「2022年問題」はどうなったのか

KEY WORDS

生産緑地指定後 30 年

2022 年問題

買い取り申出

特定生産緑地制度

この章で学ぶこと

2022 年は、三大都市圏特定市で生産緑地指定が行われてから 30 年めに当たります。改正「生産緑地法」では、指定から 30 年経過すると生産緑地所有者は市などに生産緑地の買い取りの申出ができるようになっています。この買い取り申出いかんによっては、都市農業のこれからが大きく左右されるとともに、土地（不動産）市場や都市の環境問題にも看過できない影響を与えます。「22 年問題」といわれるゆえんです。

本章では、この「22 年問題」の経緯について学びます。

1 「2022 年問題」とは

1992 年、第 1 部の第 3 章で述べたように、三大都市圏特定市において 30 年の営農継続・開発行為制限が義務づけられた生産緑地の指定が行われました。「生産緑地法」では、30 年営農継続を経過すると生産緑地を指定した市町村長に対し生産緑地の買い取り申出ができる仕組みになっています。2022 年がその時期です。面積比で約 8 割を占める 1992 年指定分の生産緑地が買い取り申出のできる状態になったのです。それだけに、その動向に注目が集まりました。

ところで、「2022 年問題（以下、「22 年問題」）」といってもいろいろな側面があります。例えば、買い取り申出が大量に出されると生産緑地の大幅解除が起こり、都市環境の悪化や土地（不動産）市場の混乱が生じることを懸念する声もあります。これも大きな問題ですが、根本的な問題は都市農業の重要な基盤である生産緑地を維持できるかどうかです。「都市農業振興基本法」制定の 2015 年からまだ日も浅いこの時期に浮上した「22 年問題」は都市農業関係者にとってはこれからの都市農業の動向を左右する死活問題です。「22 年問題」と言われるゆえんです。

2 国土交通省、生産緑地の継承に動き出す

国土交通省は、「22 年問題」が切迫する中で 2017 年に現行「生産緑地法」を改正し、「特定生産緑地制度」（2018 年施行）を創設しました。その概要は、**図 1** の通りですが、要は生産緑地所有者の申請により生産緑地指定告示から 30 年を迎える前に買い取り申出をする期限を 10 年ごとに延長する制度です。いわば、現行生産緑地を次の生産緑地に乗り換えるための制度です。

この結果、生産緑地所有者は、①特定生産緑地への指定申請をする、②特定生産緑地指定申請をせず現状の生産緑地のままにしておく、③買い取り申出を行う、の 3 つの選択肢からいずれか一つを 30 年が経過する前、つまり 2021 年度末（一部 2022 年中もあり）までに選択することになりました。それゆえ、生産緑地所有者がどのような選択をするかが、「22 年問題」の焦点になりました。

特定生産緑地に指定する場合

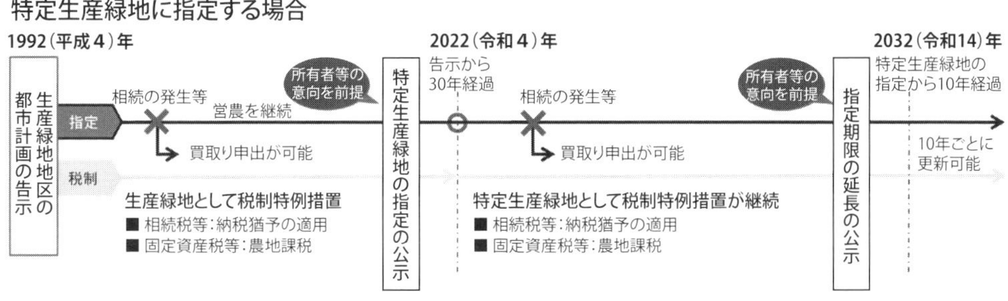

特定生産緑地に指定しない場合

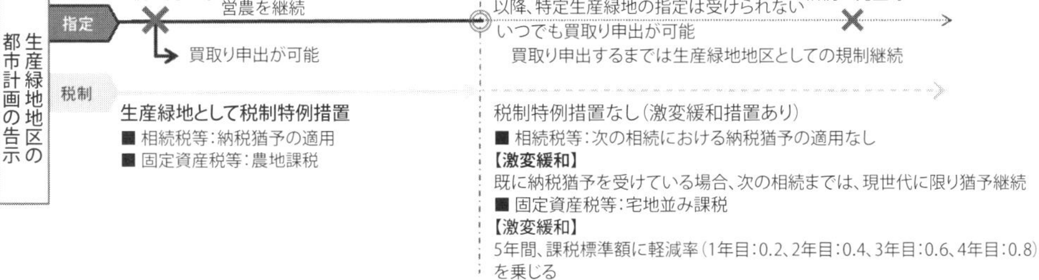

図１　特定生産緑地制度の概要

出所：国土交通省ウェブサイト内「特定生産緑地指定の手引き　令和４年２月版」より。
https://www.mlit.go.jp/common/001282537.pdf

なお、付言しておきますと2017年の「生産緑地法」改正において指定要件及び行為制限の緩和も行われました。これまで生産緑地指定のための面積要件は500㎡の一団の農地でしたが、それを市町村が条例改正すれば300㎡に引き下げ可能にしました。また、一団の農地の連たん要件等も緩和しました。さらに、生産緑地を農地以外に利用する範囲に農産物の製造・加工・販売施設（農産物直売所、農家レストラン等）を加え、生産緑地活用の途を拡大しました。

他方、農林水産省も生産緑地の保全と活用に資する重要な法制度を2018年に制定しました。「都市農地の貸借の円滑化に関する法律」（以下、「都市農地貸借法」）です。

都市住民は都市農業・農地に対し高い評価や期待をしています。これに応えるためには、都市農地をただ保全するだけでなく、有効に活用することが求められています。この有効活用を進めていく切り札が「都市農地貸借法」です。同法制は、都市農地の大切な基盤である生産緑地の貸借に途を開く画期的なものです。生産緑地を借りて営農拡大を図ったり、新規就農をしたりすることも可能になりました。また、生産緑地の市民的利用（市民農園等）もできます。さらに、第3者に貸し出した生産緑地であっても農地相続税の納税猶予制度が適用されることとなりました。

3 コロナ禍で困難な状況に

2021年に入り、「22年問題」が現実味を帯びてきました。特定生産緑地として申請する締め切り時期は、多くの関係市で21年度中になっていました。期限までに既存の生産緑地を特定生産緑地に申請するか、それとも諸般の状況から営農継続を断念して市に対し買い取り申出をするか、都市農業の今後を大きく左右する時期が刻一刻と迫ってきました。

生産緑地をめぐる状況は、けっして予断を許すものではありませんでした。むしろ厳しい風が吹いていました。その最大の理由は、長引くコロナ禍のもとで生産緑地関係者への説明や相談が制限されたことです。

生産緑地を含め都市農地の取り扱いは、単に営農継続に絡む問題だけでなくそれぞれの関係農家の相続問題や資産処分等にも直接・間接に関わっています。それだけにその対応は所有者のみならず関係者全員の利害が絡んでくるため、きめ細かな説明や相談が不可欠です。しかし、コロナ禍は説明機会や面談による相談活動を妨げてきました。この結果、関係者の特定生産緑地制度に対する関心や理解が不十分で、申請に向けての足取りは低調でした。たとえば、2021年6月末の国土交通省の指定見込み調査でも特定生産緑地指定済・指定見込みは75%にとどまっており、全体として鈍いものでした。

もう一つ厄介な問題は、不動産会社・建設会社・投資信託銀行等による農地宅地化の勧誘です。「今が農地を宅地に転用する最後のチャンス」「今後の資産運用や相続を考えると生産緑地を宅地化した方が賢いやり方」「弊社が責任をもって土地（農地）活用の面倒をみます」等々をうたい文句に農地の宅地化促進に力を入れてきました。

今回の既存生産緑地の特定生産緑地への申請は、上記のような状況下で行われました。それだけに、生産緑地・都市農地の行く末に不安を抱く声もありました。

4　約 90%が特定生産緑地指定に

さて、結末はどうなったでしょうか。国土交通省が公表した 2022 年 12 月末現在の「特定生産緑地指定状況」によると、回答のあった三大都市圏特定市 199 市の生産緑地 9,273ha の 89.3%を占める 8,282ha が特定生産緑地に指定されました。これに対し非指定は、10.7%、991ha にとどまっています（**図 2**）。

ついで、関係都府県の特定生産緑地指定状況を示した**図 3** によると東京都が

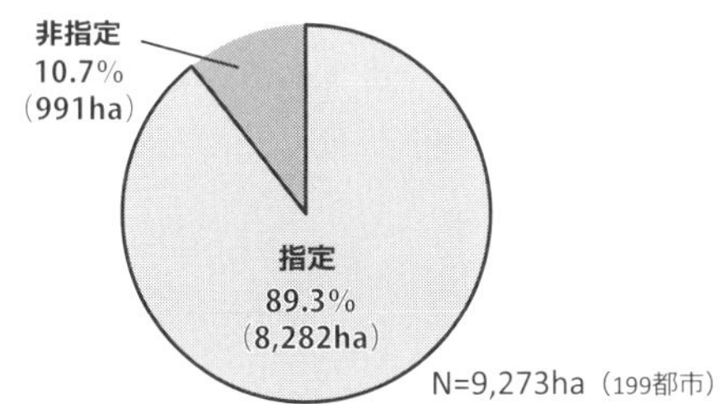

図２　特定生産緑地の指定状況
出所：国土交通省ウェブサイト内「特定生産緑地の指定状況に関する調査結果（令和４年 12 月末時点）」より。
https://www.mlit.go.jp/toshi/park/content/001423308.pdf

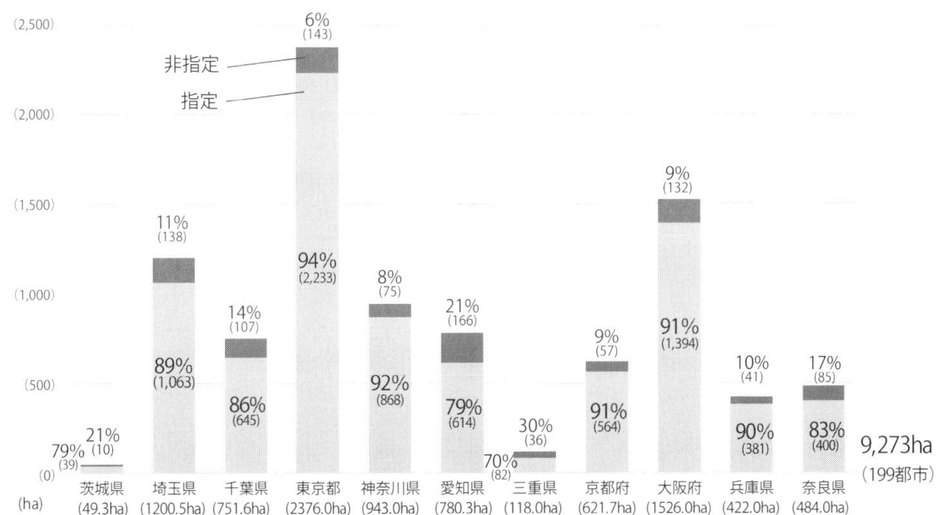

図３　都道府県別特定生産緑地の指定状況
出所：国土交通省ウェブサイト内「特定生産緑地の指定状況（都道府県別）（令和４年 12 月末時点）」より。
https://www.mlit.go.jp/toshi/park/content/001423308.pdf

対象生産緑地の特定生産緑地への指定が面積比で94%と最も高い水準となっています。あと、神奈川県92%、大阪府・京都府が91%、兵庫県90%、埼玉県89%、千葉県86%等と続いています。とくに、生産緑地面積の多い東京都や大阪府において指定割合が高いことが特徴的です。他方、生産緑地面積の少ない三重県や茨城県では相対的に低い水準となっています。

5 守られた都市農地

この結果を見て、都市農業の存続を望む人々はホッと胸を撫で下ろしたことでしょう。まだ最終結果ではありませんが、30年を経過し、買い取り申出ができる生産緑地の約9割が特定生産緑地として指定され、都市農業のかけがえのない基盤として存続する状況になったことは大いに評価すべきことです。1992年の三大都市圏の市街化区域内農地の二区分化措置の際に当時約5万haあった農地が「保全する農地」に1万5,000ha（30%)、「宅地化農地」へ3万5,000ha（70%）に分断された時、都市農業の将来を考え陰鬱な気持ちになった人も少なくなかったと思います。しかし、生産緑地を選択した都市農家はその後30年にわたり営々と農業を継続しながら都市農地を守り続けました。都市農業の灯を消しませんでした。そして、今回もまた圧倒的多数が生産緑地指定を選択しました。「都市農業振興基本法」の第3条でも明記されているように、都市農業は「これを営む者」の努力によって守り、活かされ、存続してきたのです。

6 都市農地存続の背景・要因

では、このように約9割の生産緑地が特定生産緑地に指定された背景・要因は何でしょうか。この詳しい解明は都市農地をめぐる社会経済情勢や都府県・市別の指定状況等を踏まえた調査研究が必要ですが、現時点でも次の背景・要因が指摘できると思います。

第1は、先にも強調した都市農業者の頑張りです。これが基本です。向こう10年と短くなったとはいえ都市農業の継続にはいろいろな悩みや迷いが多々あります。しかし、こうした問題を超克して農にこだわり、愛着を持つ農業者が多く存在することこそ指定９割の大きな要因です。

第２は、農業関係団体や都市農業関係行政の頑張りです。コロナ禍のもとでも農業団体のみならず行政も拱手傍観していたわけではありません。例えば、農協や農業委員会組織では特定生産緑地制度に関する冊子・パンフレットを作成し、関係農家に対してきめ細かい啓発活動を行いました。また、先駆的な市にあっては農業関係団体・市の農政部局・都市計画部局が一体となって関係農家への説明会や連絡を行っています。こうした地道な取り組みがコロナ禍のもとでも継続的に行われたことを看過してはなりません。

第３は、やはり「都市農業振興基本法」の制定や地方公共団体による「都市農業振興基本計画」の策定と、こうした法や計画の大きな背景になっている都市住民の都市農業の役割・機能、存在意義に対する評価や期待の高まりです。とくに、都市農業者の身近に位置する市町村、いわば地元での「基本計画」の策定は、都市農業者を勇気づけるうえで大きな役割を果たしています。

第４は、前述したように政府（国土交通省・農林水産省）が既存の生産緑地を新しい生産緑地（特定生産緑地）にスムーズに乗り換える制度の創設や生産緑地の活用についての新制度を用意したことです。これにより、生産緑地の継承が想定した以上に円滑に進みました。

7　都市農地を活かす取り組みの加速化を

いろいろと憶測もあり、心配されていた「22 年問題」の発現、つまり大量の生産緑地買い取り申出・農地の宅地化の急増による都市農地のさらなる減少、そして都市環境の悪化や土地市場の混乱は避けられました。しかし、諸手を挙げて安心するわけにはいきません。貴重な生産緑地のうち 1,000ha 近くが特定生産緑地に指定されなかったことも看過できません。「22 年問題」はなんとか乗り切りましたが、次の 10 年、その次の 10 年を思慮すると多くの問題が横たわっています。これからがむしろ正念場です。特定生産緑地として指定された都市農地をいかに守り、活用するかが問われています。

都市農業者は、都市農業を未来へつなぐ選択をしました。この選択を活かし、具現化する取り組みが求められています。そのためにも、都市農業の安定的な継続を図る国及び地方公共団体の施策の拡充・強化とともに、農業関係団体のみならず都市農業の持続的発展を願う者みんなが農業者を励まし、支援する多様な取り組みが必要です。都市農業者、市民、農業団体、行政が一体となってこれからの都市農業の継続に向けて力を合わせるときです。

（橋本卓爾）

第6章

都市住民の意識からみる都市農業の現代的意義

KEY WORDS

都市益

都市圧

多面的機能

外部便益

環境財

この章で学ぶこと

都市農業は、都市域において営まれている農業ですが、その果たしている役割は決して小さくありません。

本章では、大阪府下で営まれている都市農業の実態を把握するとともに、都市住民の都市農業に対する意識・評価を通じて、その現代的意義について考えます。

都市農業とは、都市域において営まれている農業ですが、それらを取り巻く環境は複雑なことから、その具体的な姿を明らかにするためには、対象範囲を明確にする必要があります。都市農業の特質として、「都市益＝都市化のもつ有利さ」と「都市圧＝都市化の圧力」との相反する環境に直面して農業を営んできたことがあげられます[(1)]が、都市計画法における「市街化区域」および「市街化調整区域」は、都市益と都市圧との相反作用に直面している地域に該当するといってよいでしょう。そこで本章では、「市街化区域および市街化調整区域で営まれている農業」を対象とし、その中でも特に、「市街化区域で営まれている農業」に焦点を当てることによって、都市農業の特質が強く表れている農業の実態を捉えてみましょう。

1　大阪府下で展開される都市農業の実態

農林水産省の資料[(2)]に基づいて、市街化区域内の農業を概観すると、その規模は零細ですが、野菜・果実・花きといった資本集約的で収益性の高い作物の産出額割合が大きいことがわかります。また、生産緑地のほとんど（99.1%）が三大都市圏特定市に賦存しており、かつ、三大都市圏特定市における市街化区域内農地の半分以上（54.2%）を占めている（2019年値）ことから、生産緑地制度が市街化区域内農地の保全に貢献してきたと同時に、都市農業が生産緑地地区を中心に展開していることがわかります。

より詳細に都市農業の実態を把握するために、都市農業が展開されている大阪府農業を取り上げます。1995年以降、大阪府下の市街化区域内農地は41.0%減少している一方で、生産緑地地区面積は25.9%減少しましたので、市街化区域内農地に占める生産緑地地区面積の割合は46.0%から57.8%に上昇しました。その結果、2020年の大阪府下の市街化区域内農地面積は3,240ha、大阪府下全域の耕地面積1万2,500haの25.9%を占めることになり、大阪府は全国と比較して都市農地および生産緑地のウェイトが高い状況にあります。そこで、大阪府下における特徴的な都市農業の実態を見るために、市町村面積に占める市街化区域面積が90%を超える9市町〔大阪市、北部3市（吹田市・摂津市・豊中市）、

表１　販売農家・自給的農家の構成

	総農家数	販売農家	自給的農家
全国	1,747,079	1,027,892	719,187
	100.0%	58.8%	41.2%
大阪府	20,813	7,413	13,400
	100.0%	35.6%	64.4%
大阪市	348	97	251
	100.0%	27.9%	72.1%
北部３市	547	166	381
	100.0%	30.3%	69.7%
東部２市	190	72	118
	100.0%	37.9%	62.1%
南部３市町	287	51	236
	100.0%	17.8%	82.2%

出所：農林水産省「2020 年農林業センサス」のデータに基づいて筆者作成。

表２　個人経営体の主副業別構成

	個人経営体数	主　業	準主業	副業的
全国	1,037,342	230,855	142,538	663,949
	100.0%	22.3%	13.7%	64.0%
大阪府	7,558	900	1,370	5,288
	100.0%	11.9%	18.1%	70.0%
大阪市	105	7	30	68
	100.0%	6.7%	28.6%	64.8%
北部３市	168	3	52	113
	100.0%	1.8%	31.0%	67.3%
東部２市	76	2	19	55
	100.0%	2.6%	25.0%	72.4%
南部３市町	52	1	11	40
	100.0%	1.9%	21.2%	76.9%

出所：農林水産省「2020 年農林業センサス」のデータに基づいて筆者作成。

東部２市（守口市・門真市）、南部３市町（高石市・泉大津市・忠岡町）〕に着目します。農業の担い手である総農家数の構成を見ると（**表1**）、全国では自給的農家が約４割であるのに対して、大阪府下の都市農業では、自給的農家が６割を超えており、特に、南部３市町では８割に達しています。また、販売農家の概念に近い個人経営体の主副業別の割合を見ると（**表2**）、全国と同様に大阪府下の都市農業でも副業的経営体の割合が最も大きく、６割以上を占めています。しかし、大阪府下の都市農業では全国と異なって、主業経営体の割合が極めて低い一方で、準主業経営体が２割～３割を占めています。以上のことより、大阪府下の都市農業では、生産規模・販売規模が零細で、自給的あるいは副業的に農業を営んでいる農家が大半を占めている一方で、農外所得が主でありながら、農業労働力を投下して、積極的に農業を営んでいる農家の割合も相対的に多いことがわかります。

表3は、農産物販売のある農業経営体について、販売金額１位の部門別経営体構成を示していますが、大阪府下においても全国と同様に稲作部門が最も大きくなっています。特に、北部３市や東部２市では、その割合は全国よりも大きくなっています。稲作部門に次いで多いのが野菜部門です。特に大阪市ではその割合が４割を超えていますが、大阪市以外の市町でも全国よりもその割合

表 3　農産物販売金額 1 位の部門別経営体構成

	稲作	野菜	果樹類	花き・花木	その他作物	畜産
全国	55.5%	16.9%	13.2%	2.6%	6.9%	5.0%
大阪府	55.8%	24.3%	12.7%	4.3%	2.1%	0.7%
大阪市	48.4%	40.7%	0.0%	4.4%	0.0%	3.3%
北部 3 市	69.9%	18.6%	3.5%	3.5%	2.7%	0.0%
東部 2 市	78.3%	19.6%	0.0%	0.0%	0.0%	0.0%
南部 3 市町	58.3%	19.4%	8.3%	13.9%	0.0%	0.0%

出所：農林水産省「2020 年農林業センサス」のデータに基づいて筆者作成。

表 4　農産物出荷先別構成

	農　協	農協以外の集出荷団体	卸売市場	小売業者	食品製造業・外食産業	消費者に直接販売	その他
全国	72.0%	14.7%	11.4%	9.8%	4.1%	21.2%	7.8%
大阪府	52.1%	9.1%	13.1%	10.5%	3.5%	42.9%	15.4%
大阪市	49.5%	3.3%	31.9%	29.7%	8.8%	42.9%	14.3%
北部 3 市	56.6%	4.4%	14.2%	16.8%	4.4%	37.2%	15.0%
東部 2 市	58.7%	2.2%	19.6%	10.9%	0.0%	41.3%	15.2%
南部 3 市町	38.9%	0.0%	19.4%	13.9%	2.8%	41.7%	11.1%

出所：農林水産省「2020 年農林業センサス」のデータに基づいて筆者作成。

が大きくなっています。東部２市以外では、花き・花木部門の割合が全国よりも大きくなっています。このように、稲作部門を中心に農業が営まれていると同時に、野菜や花き・花木といった収益性の高い部門が展開している都市農業の特徴が示されています。さらに**表 4** は、農産物出荷先別の農業経営体構成を示しています。全国、大阪府下の都市農業とも、農協への出荷が最も多くなっていますが、大阪府下の方がその割合は小さく、特に南部３市町では４割を下回っています。農協に次いで多いのが消費者への直接販売ですが、大阪府下の都市農業では全国の割合よりも大きく約４割を占めています。また､大阪市では､卸売市場や小売業者への販売が約３割もあり、特徴的となっています。このように農協への出荷割合が相対的に小さく、消費者への直接販売の割合が大きいという農産物出荷先の構成も都市農業の特徴を示しています。

以上のように、都市農業には、その大半が零細規模の自給的農家あるいは副業的経営体によって担われている一方で、収益性の高い部門の導入や消費者への直接販売など、積極的に農業を営んでいる農業経営体も存在しています。つまり、都市圧に直面しながら、将来的な資産運用を目的として農業（農地）を維持している農家（農業経営体）と都市益を有効活用して積極的に農業を営んでいる農家（農業経営体）が混在しているのが都市農業の実態であり、近年、後者の農業経営活動が活発化し注目を集めています。

2　都市農業の機能・役割

農業・農村は、農業の本来的な機能である農産物供給機能に加えて、洪水防止機能を始めとして国土保全機能、良好な景観・空間の保全機能、地域伝統文化や地域社会の維持機能、自然・情操教育機能などの公益的な便益をもたらす機能を有していると考えられます。これらの機能は「農業・農村が有する多面的機能」として、農林水産省ウェブサイト(3)や既存の文献(4)において分類・整理されています。

都市農業振興基本法の成立の背景の一つとして、都市農業を取り巻く社会状況の変化の下で、都市農業が有する多面的機能が再評価されたことがあげられます。都市農業振興基本法では、都市農業が有する多様な機能として、「新鮮な農産物の供給」「災害時の防災空間」「国土･環境の保全」「良好な景観の形成」「農業体験・学習、交流の場」「都市住民の農業への理解の醸成」という６つの機能が規定されています（**表5**）。都市農業は、これらの機能を発揮することによって、良好な都市環境の構築、都市住民の生活環境の向上に貢献する役割を果たすことが期待されています。例えば、「災害時の防災空間」機能は、1995年の阪神・淡路大震災以降その機能が再認識され、災害時に避難空間としての利用や、生鮮食料品の優先供給などを行う災害協力のための農地である「防災協力農地」等に取り組む自治体が拡大しています。三大都市圏特定市では、2005年の取組実施区市町が26自治体、面積562haであったものが、2022年には73自治体、1,532haへと、3倍弱に拡大しており、その役割が重視されていることがわかります。

しかし、展開されている農業形態や農業生産・農地の状況によっては、その役割を十分に果たしていない場合があることに留意する必要があります。例え

表5　都市農業が有する多様な機能

機能	機能の説明
新鮮な農産物の供給	消費者が求める地元産の新鮮な農産物を供給する役割
災害時の防災空間	火災時における延焼の防止や地震時における避難場所、仮設住宅建設用地等のための防災空間としての役割
国土・環境の保全	都市の緑として、雨水の保水、地下水の涵養、生物の保護等に資する役割
良好な景観の形成	緑地空間や水辺空間を提供し、都市住民の生活に「やすらぎ」や「潤い」をもたらす役割
農業体験・学習、交流の場	都市住民や学童の農業体験・学習の場及び生産者と都市住民の交流の場を提供する役割
都市住民の農業への理解の醸成	身近に存在する都市農業を通じて都市住民の農業への理解を醸成する役割

出所：農林水産省・国土交通省「都市農業振興基本法のあらまし」2015年。

ば、住宅地に近接している都市農地は「良好な景観の形成」の機能を有すると考えられますが、それが耕作放棄されている農地であれば、雑草が茂っている景観となり、かえって景観悪化や環境悪化を生じている可能性があります。このような状況も踏まえた上で、都市農業が有する多様な機能や果たしている役割について、都市住民に正しく認識･理解してもらうことが、重要な課題となっています。

3　都市住民の都市農業に対する意識

農林水産省による三大都市圏特定市の都市住民2,000人を対象に実施したWEBアンケート(5)によれば、都市農業・都市農地の保全について、「ぜひ残していくべき：40%」「どちらかといえば残していくべき：35.7%」と、7割以上の回答者が都市農業・都市農地の保全に肯定的である結果となっています。また、都市農業が有する多様な機能に対する肯定的な回答の割合を見ると、「新鮮な農産物を供給する役割：50.2%」「農業体験や交流活動の場を提供する役割：40.2%」「防災協力農地の必要性：53.6%」「緑地や水辺空間を提供し、都市住民の生活に「やすらぎ」や「潤い」をもたらす役割：46.1%」「都市農地の雨水の保水、地下水の涵養等の役割：43.8%」となっており、都市農業が有する多様な機能に対して、4～5割程度の都市住民が肯定的な認識をしていること

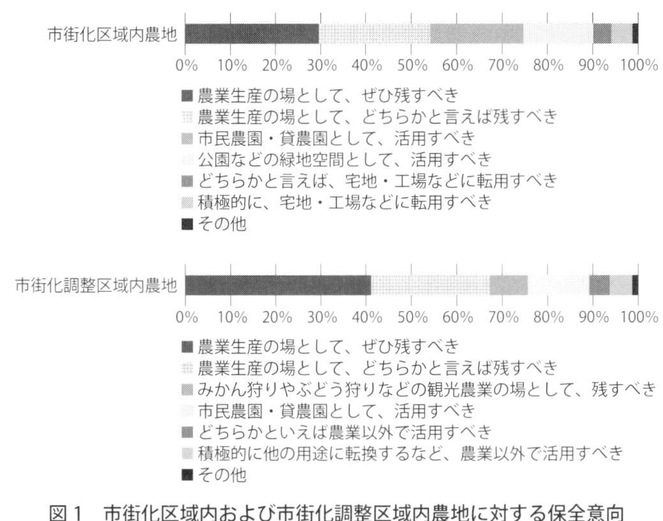

図１　市街化区域内および市街化調整区域内農地に対する保全意向

出所：筆者が実施したインターネット調査結果。

がわかります。

次に、2016 年７月、株式会社インテージに委託して、大阪府在住の 20 歳以上の同社の登録モニターを対象に実施したインターネット調査（有効回答 1,146 名、男女比および年齢構成はほぼ均等）の結果[(6)]を用いて、都市住民の都市農業に対する意識を詳細に見てみましょう。**図１**は、都市農地の保全意向を示しています。市街化区域内農地、市街化調整区域内農地に共通して「農業生産の場として残すべき」という意向が強く、逆に非農業への転用意向が弱い傾向が表れています。特に、市街化調整区域内農地に対して、「農業生産の場として、ぜひ残すべき」という回答割合が４割に達しており、「どちらかといえば残すべき」を加えると７割近くにもなり、市街化調整区域内農地に対する強い保全意向が示されています。一方、市街化区域内農地でも、農業生産の場としての保全意向の割合が最も大きくなっていますが、市街化調整区域内農地と比較すると、「市民農園・貸農園として、活用すべき」「公園などの緑地空間として、活用すべき」などの割合が大きくなっています。つまり、市街化調整区域内農地に対して、本来的な農業生産の役割を期待する一方で、市街化区域内農地に対しては、緑地空間あるいはレジャー空間としての役割への期待が相対的に大き

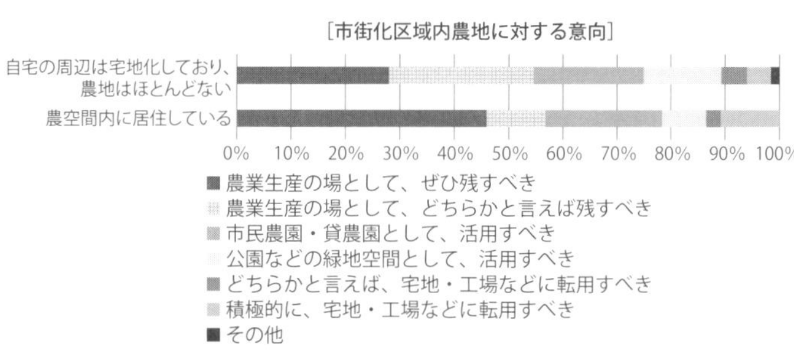

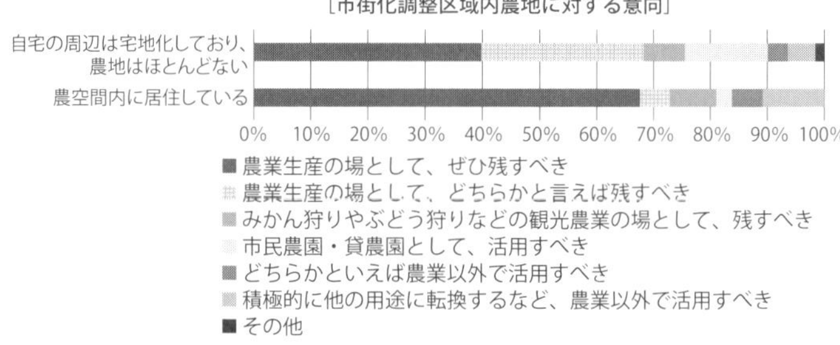

図2　居住地における農地分布状況別の都市農地保全意向
出所：筆者が実施したインターネット調査結果

くなっています。これを回答者の居住地における農地分布状況[7]別に見たものが**図2**です。市街化区域内農地、市街化調整区域内農地とも、宅地化している地域に居住している回答者よりも農空間内に居住している回答者の方が、都市農地の保全意向が強くなっており、その傾向は市街化調整区域内農地に対してより強く表れています。このことから「居住地域の環境条件≒農地の分布状況」が、居住者の都市農地の保全意向に影響を及ぼしており、日常的に農空間と触れ合うことが都市住民の農地の保全意向を高めていると考えられます。

図3は、大阪府下の農業・農空間が有する多面的機能に対して、5段階評価したものを得点化〔「大変重要（必要）である＝4」、「少し重要（必要）である＝3」「あまり重要（必要）ではない＝2」「全く重要（必要）ではない＝1」「この機能・役割を有していない＝0」〕した上で、回答者1人当たりの平均得点を算出したものを示しています。平均得点の高いものから順に「洪水の防止や土砂崩壊の防止」（3.33）、「地下水の保全（地下の帯水層に水が補給されること）」「ヒートアイランド現象の緩和」（3.27）、「新鮮で安全な農作物の生産・供給」（3.19）、「災

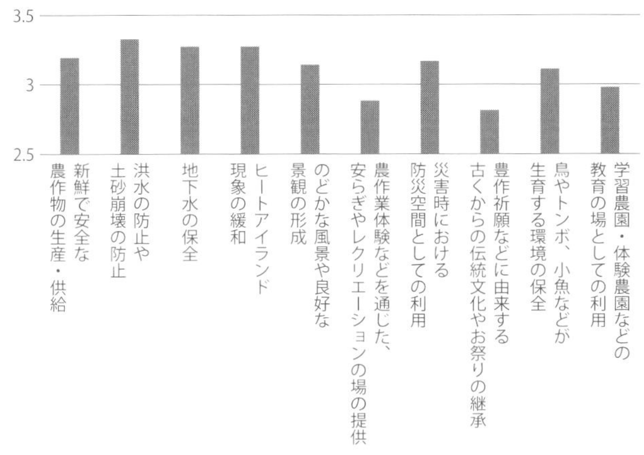

図３　農業・農空間の多面的機能に対する評価
出所：筆者が実施したインターネット調査結果。

害時における防災空間としての利用」(3.17)、「のどかな風景や良好な景観の形成」(3.14)、「鳥やトンボ、小魚などが生育する環境の保全」(3.11)、「学習農園・体験農園などの教育の場としての利用（提供）」(2.98)、「農作業体験などを通じた、安らぎやレクリエーションの場の提供」(2.88)、「豊作祈願などに由来する古くからの伝統文化やお祭りの継承」(2.82) という結果になっています。都市住民は、国土保全機能や農産物供給機能を高く評価している一方で、「教育の場としての利用」「レクリエーションの場の提供」「伝統文化やお祭りの継承」といった日常生活に直接関係しない機能に対する評価が低くなっています。

そこで、都市住民の都市農業が有する多面的機能に対する評価を居住地の農地分布状況別に示したものが**図４**です。居住地における農地分布状況によって、評価のばらつきが見られることから、多面的機能の評価においても「居住地域の環境条件≒農地の分布状況」が影響していると考えられます。ただし、農産物供給機能、国土保全機能、防災空間としての利用機能は、評価のばらつきの差が小さく、都市住民全体に高く評価されている一方で、景観形成機能、レクリエーション機能、生態系保全機能、教育機能といった農業が営まれている場がもたらす機能については、評価のばらつきの差が大きく、「農空間内に居住している」「自宅から徒歩圏内に農空間が広がっている」といった居住地域と

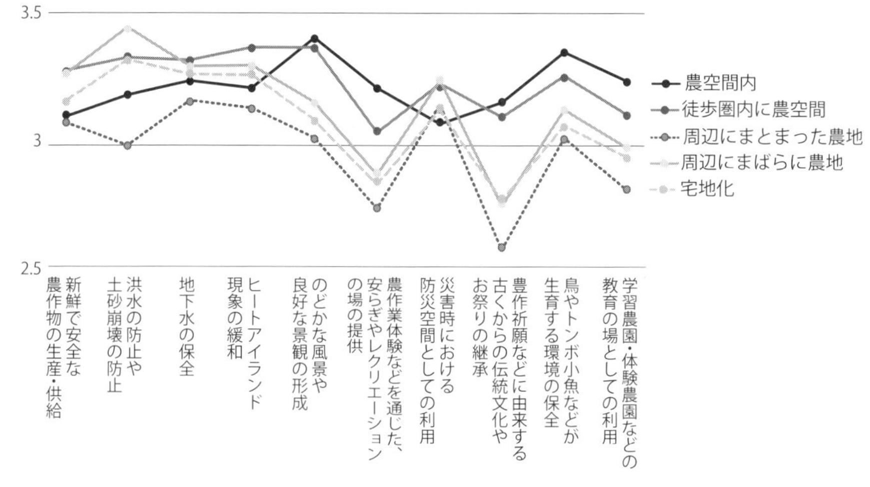

図 4　居住地の農地分布状況別多面機能評価

出所：筆者が実施したインターネット調査結果。

その周辺に農地が多く分布している地域に居住している回答者の評価が相対的に高くなっています。

以上のことより、都市住民は都市農業に対して肯定的で、都市農地の保全意向が強く、都市農業が有する多面的機能全般を高く評価しているといえます。ただし、都市農業の特質が強く表れている市街化区域に着目すると、緑地空間あるいはレジャー空間としての役割に対する期待が相対的に高くなっていることは、都市農業にとって重要な点といえるでしょう。

4　環境共生から考える都市農業

近年、持続可能な都市をめざして、環境共生都市（エコシティ）の整備が求められています。今井（2014）によれば、環境共生都市とは、「環境に配慮をした都市」であり、「汚染物質あるいは二酸化炭素を含む温室効果ガスを極力排出しない、資源を有効に使う、そして自然と共生するといった様々な面において環境への負荷が少ない都市づくり」とされています。一方、都市農業においては、消費地に近接しているという都市益を有効活用して、資本集約的な農業を積極的に営んでいる実態が見られます。そこでは、その規模は小さいながらも、農業の本来的な機能である新鮮な農産物の供給機能を発揮すると同時に、国土保全機能や環境保全機能など、環境への負荷を低減して都市環境を向上させる多様な機能も発揮されています。これらの都市農業が有する多面的機能の発揮は、都市住民の生活向上に貢献すると同時に、環境への負荷低減によって都市環境を向上させています。したがって、環境共生都市において、都市農業が果たす役割は大きく、必要不可欠な要素といえます。

都市農業が有する多面的機能は、公益的な機能であり、外部便益（ある経済主体の経済活動によって市場を通さずに第三者に与えられる便益）を発生するという意味で、都市農業の正の外部性（ある経済主体の経済活動が市場を通さずに第三者によい影響を及ぼすこと）となっています。言い換えるならば、都市農業は都市域における正の外部性を有する環境財であり、その保全・振興は、都市域にとって大変重要な意義があります。しかし、外部便益であるということは、都市住民が、都市農業がもたらす便益を享受しているにもかかわらず、それを認識していないか、あるいは、認識していても対価を支払わずに享受している状況にあることを意味し、都市農業のさらなる衰退が危惧されます。都市農業の衰退を回避し、保全･振興していくためには、都市住民の都市農業に対する認識･理解と支援が重要であり、必要不可欠です。

都市住民の都市農業に対する認識や理解を深めるためには、都市農業への関わり度合いを向上させる必要があります。その方策として、農業体験・交流活動の場の提供があげられます。具体的には、市民農園の開設です。現在、市民農園のうち約３割が市街化区域内にあり、生産緑地地区内の農園数も増加し、都市部に近づくにつれて開設数が多くなっています[(8)]。しかし、市民農園の場合、利用者による違法駐車やごみの放置といった問題も指摘されており、かえって周辺の環境を悪化させる事例もあることには注意を払わなければなりません。

農産物直売所も都市住民の都市農業への関わり度合いを向上させる方策です。新鮮な農産物を供給する都市農業の機能に対する都市住民の評価が高いことを考慮するならば、農産物直売所は都市住民のニーズに応えると同時に都市農業側に利益をもたらすことから、その果たす役割・意義は大きいと考えられます。そこで、前述のインターネット調査結果において、都市住民の農産物直売所利用状況を見ると、全体的に利用率は低く、「最近１年間に利用した」回答者は26.9％しかなく、逆に「これまで利用したことがない」回答者の方が多く39.5％であり、「最近１年間は利用していない」回答者（19.1％）を合わせると約６割の回答者が農産物直売所を利用していませんでした。また、農産物直売所の利用者の利用頻度を見ると、「毎日のように利用している」回答者は、わずか3.2％しかなく、最も多いのが「レジャーとして年数回」で40.6％でした。そこで、農産物直売所を利用しない理由を見ると、最も大きな理由は「農産物直売所がどこにあるか知らないから：57.3％」であり、次いで「アクセスが不便だから：32.1％」でした。つまり、都市住民の農産物直売所に対する認知度が非常に低く、加えてアクセスが悪いことが課題であると指摘できます。

現状では、都市住民の都市農業に対する評価は、環境財としての公益的機能に偏っており、農業の本来的な機能である農産物供給機能に対して過小評価であると考えられます。都市農業を理解することは、都市農業が有する農産物供給機能を適正に評価することにつながります。そのためにも、住宅地からアクセス条件のよい立地に農産物直売所を開設して、農産物直売所に対する認知度を高め、その利用率・利用頻度を向上させることも、都市農業を保全・振興する上での重要な課題といえるでしょう。

（浦出俊和）

注

(1) これらの議論の詳細は、宇佐美・浦出（1998）を参照のこと。
(2) 農林水産省「都市農業をめぐる情勢について（令和５年６月）」を参照のこと。https://www.maff.go.jp/j/nousin/kouryu/tosi_nougyo/attach/pdf/t_kuwashiku-9.pdf
(3) 農林水産省ウェブサイト上の次のURLを参照のこと。https://www.maff.go.jp/j/nousin/noukan/nougyo_kinou/
(4) 例えば、浦出他（1992）がある。
(5) 農林水産省「都市農業に関する意向調査（令和４年10月実施）」、農林水産省「都市農業をめぐる情勢について（令和５年１月）」より引用。https://www.maff.go.jp/j/nousin/kouryu/tosi_nougyo/t_kuwashiku.html　を参照のこと。
(6) 一般社団法人農業開発研修センター「大阪府農業に対する府民意識に関する調査研究－大阪府農業に対する府民意識に関するアンケート調査結果－報告書」（2016年９月）に基づく。
(7) 「居住地における農地の分布状況」について、アンケート調査票では、「1. 農空間（農地をはじめ、ため池・水路等の農業用施設や集落が一体となった地域）内に居住している」「2. 自宅から徒歩圏内に農空間が広がっている」「3. 自宅の周辺にまとまった農地がある」「4. 自宅の周辺にまばらに農地がある」「5. 自宅の周辺は宅地化しており、農地はほとんどない」という５つの選択肢を提示し、回答してもらった。選択肢１から選択肢５に向けて自宅周辺の農地分布が減少することを意味する。

(8) 農林水産省「市民農園開設状況調査の結果について（令和４年３月末時点」を参照のこと。https://www.maff.go.jp/j/nousin/kouryu/tosi_nougyo/attach/pdf/s_joukyou-1.pdf

引用・参考文献

今井健一（2014）「日本のエコシティ推進における特徴と課題」『東アジアへの視点』第25巻第２号、1-14頁。

宇佐美好文・浦出俊和（1998）「第４章　都市環境と都市農業のあり方」、堀田忠夫 編著『国際競争下の農業・農村革新――経営・流通・環境』、農林統計協会、198-217頁。

浦出俊和・浅野耕太・熊谷宏（1992）「地域農林業資源の経済的評価に関する研究――社会的便益に注目して」『農村計画学会誌』第11巻第１号、35-49頁。

蔦谷栄一（2005）「日本農業における都市農業――都市農業を考える」『農林金融』第58巻第６号、294-310頁。

Column ③　都市農業の現状とコロナ禍での気づき

2023 年 6 月に農水省から発表されたデータによると、市街化区域内農地で農業を営む農業経営体数は 13.3 万経営体(全国の約 12.4%)、農地面積は 6.0 万 ha(全国の約 1.4%)、一農家当たりの経営耕地面積は 66a 前後（全国平均は 299a）です。主要都市における農産物の部門は、野菜が大半で、果実、花卉、いも類、畜産など多岐にわたります。販売金額(推計)は 5,898 億円 (全国の約 6.7%) です。消費地に近いという立地条件を活かし、年間販売金額 1,000 万円以上の農家が約 7%もいます。日本農業全体のたった 1.4%の農地面積で 6.7%の販売金額を売り上げる都市農業の農産物供給の役割は注目に値します。

農林水産省の野菜生産出荷統計（2019 年度）等によると、全国の収穫量順位では大阪府が春菊（1 位）、ふきといちじく（3 位）、みずなとみつば（7 位）、ぶどうとこまつな（8 位）と、高いシェアを占めています。

ところで、2019 年末から猛威をふるってきた新型コロナウイルス感染症は、2023 年 5 月 8 日にようやく 5 類感染症に移行しました。3 密 (密閉・密集・密接) を避け、外出自粛が要請されたコロナ禍で、自宅滞在時間が増えた都市住民のライフスタイルに、ある変化がみられました。市民農園を借りて農作業に励んだ人、庭の片隅を耕して野菜づくりを始めた人、プランターで栽培した人、生産者から直接農産物を取り寄せた人、直売所に食材を買い出しに行った人などです。

土に触れ、作物を育てる体験や生産者のわかる農産物購入を通じて、土を耕し、作物を育てることの楽しさや嬉しさ、土や耕す人の大切さ、尊さに気づき、都市農業への関心を強めたり、都市部の日常生活の活動範囲内で生産された地場産の野菜を購入したいと考えたりする都市生活者が増加しています。そのことは農水省が 2022 年 10 月に三大都市圏特定市の都市住民 2,000 人を対象に実施した「都市農業に関する意向調査」の結果（グラフ参照）からも読み取れます。私たちは感染拡大で多大の犠牲を被りました。社会的・経済的損失の大きさにたじろくだけでなく、次の新しい前進のためにコロナ禍の中で明らかになった教訓を活かす必要があるのではないでしょうか。(中塚華奈)

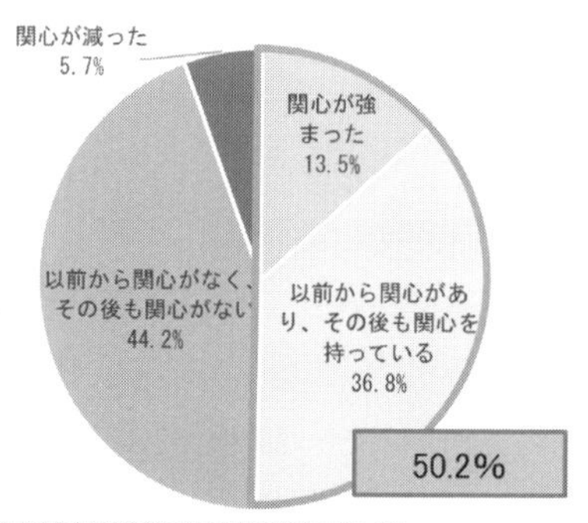

資料：農林水産省「都市農業に関する意向調査」(R4. 10)
注：表示単位未満を四捨五入したため計と内訳は必ずしも一致しない。

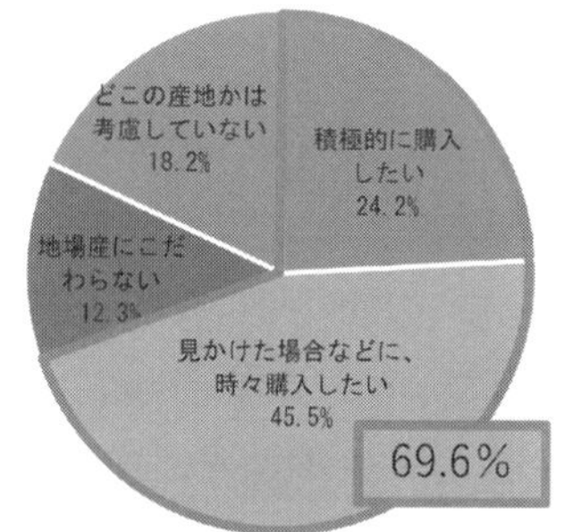

資料：農林水産省「都市農業に関する意向調査」(R4.10)
注：表示単位未満を四捨五入したため計と内訳は必ずしも一致しない。

（左）新型コロナウイルス感染症以降の都市農業への意識の変化　（右）地場産野菜の購入について

出所：農林水産省「都市農業をめぐる情勢について（令和 5 年 6 月）」19 頁、22 頁より転載

第7章
都市農業ただいま奮闘中

KEY WORDS

新しい都市農業の創造

地域の都市農業を
丸ごと守る

都市農業の蘇生

市民とともに
都市農業を支える

この章で学ぶこと

都市農業は、それを担い、支える多くの関係者の奮闘・努力によって“どっこい”生きてきました。さらに、明日に向かって生き続けています。本章では、①新しい都市農業づくりに挑戦している農業者、②地域の都市農業を丸ごと守り、活かすことに努めている農業者、③農外から参入し、都市農業を蘇らせる人々、④市民とともに地域の都市農業を支えて活かす地方公共団体・農協・生協等、という4つの側面から全国各地の取り組みを紹介します。

この章では、都市農業を担い、支えるこれらの魅力的な取り組みが、全国各地で展開されていることを知っていただきたいと思います。

File01
消費者との交流型農業と稼ぐ農業への挑戦
加藤トマトファーム　加藤義貴さん（東京都練馬区）

農家データ	
氏名・組織	加藤義貴（かとう よしたか） 加藤トマトファーム・農業体験農園「井頭体験農園」
概　要	東京都練馬区にて約 160a
主な生産物	トマト・トウモロコシ・サツマイモ・ネギなど
キーワード	養液栽培・農業体験農園・収穫体験・稼ぐ農業・ 挑戦と学びの継続

加藤義貴さんの経営概要とその理念

東京 23 区の一つである練馬区において、高品質なトマトの生産・販売を軸に消費者との交流型農業を展開しているのが、加藤トマトファーム、農業体験農園「井頭体験農園」の園主である加藤義貴さんです。加藤さんは、養液栽培によるトマトを中心に、トウモロコシ、サツマイモ、ネギを生産し、井頭体験農園では年間 30 ～ 40 品目の栽培収穫体験を行っています。労働力は自身を含めて 5 名、うちパートが 3 名、新規就農をめざした研修も兼ねて正社員 1 名を雇用しています。井頭体験農園の運営は加藤さんのみで行っていますが、その他の生産については 5 名で行っています。

加藤さんは大学卒業後、JA に就職したのち 28 歳の時に就農、現在で就農 7 年目になります。幼少期の頃から畑に触れてきたこともあり、多くの市民に農業のことを知ってもらいたいという思いを強く持ちつつ、農業者としてもしっかり稼ぐというモデルを自身が体現できるよう日々農業に取り組んでいます。

高品質でおいしい野菜の生産と消費者と楽しむ農業

加藤さんが取り組む農業の特徴としては、以下の 3 点があげられます。

1 点目は、2017 年から始めた養液栽培によるトマトの生産・販売です。農地の面積が限られているなかで経営の柱をいかにつくるのか模索し、主にココヤシの固形培地を使用した養液栽培を行っています。生産しているハウス内では、水分や排液量、温湿度、二酸化炭素量などを常時計測するシステムを導入し、高品質なトマトを安定的に生産できる環境を整えています。そのような環境で育ったトマトを完熟したもののみ収穫し、庭先のロッカー型直売所で販売しています。また、規格外品についてはジャムやドレッシング、ようかんなどの加工品に活用し、地域の直売所、アンテナショップなどでも販売しています。これらの商品は、庭先販売開始前の時間から行列ができる日もあるなど人気を集めています。

2 点目は、農業体験農園である井頭体験農園の取り組みです。農業体験農園は 1996 年に練馬区から拡がった市民参加型の農業経営の一つです。園主である農業者が年間の作付計画（年間 30 ～ 40 品目）や農作業に必要な資材などを準備し、定期的に実施する講習会を通じて利用者に農業技術などを指導します。利用者は利用料金を前払いし、播種・植え付けから収穫までの一連の農作業体験と収穫物を得ることができます。また、単に農作業を体験するだけでなく、利用者同士の交流会なども農園ごとに取り組まれており、都市地域におけるコミュニティ形成の場としても機能しています。現在、井頭体験農園では 113 区画の利用者がおり、野菜づくりと交流の場として機能しています。

3 点目は、主にトウモロコシや冬野菜（ブロッコリーなど）を収穫体験できる取り組みです。通常の収穫体験は文字通り収穫のみを体験するプログラムですが、加藤さんは野菜作りの楽しみに触れてもらいたいと種まきや間引きにも参加できる取り組みとして実施しています。なかでも、トウモロコシについては背丈以上に育つ性質を利用し「巨大とうもろこし迷路」として子どもたちが冒険しながら収穫できる空間も作っています。新鮮でおいしい野菜の収穫体験だけではない、プラスαの楽しみを提供しています。

これからの時代に求められる姿勢──挑戦と学びの継続

都市農業に対するまなざしが変化してきたこともあり、多くの消費者が農業に触れあう機会を求めています。一方で、その受け皿となる都市農業者をいかに確保していくかが課題ともいえます。加藤さんは、その担い手を東京でも増やすことができないかと考え、経営のモデルケースとなるべく、高品質トマトの生産と井頭体験農園や収穫体験の取り組みによる稼ぐ農業と交流型農業の両立に向けた挑戦を続けています。また、農業が日々進化を続けるなかで「学び続ける」ことも重視しています。研究会や勉強会、SNS から得られたネットワークを活用し、現場に足を運び、自身の取り組みを常にアップデートしています。挑戦と学びの継続、都市農業の枠にとどまらない、これからの時代を生きる上で重要な姿勢を示しています。（藤井至）

File02
「東京の農地」だからこそできる農業をめざす
白石農園　白石秀徳さん（東京都練馬区）

農家データ

氏名・組織	白石秀徳（しらいしひでのり）／ 白石農園・農業体験農園「大泉　風のがっこう」
概　要	東京都練馬区にて約 140a
主な生産物	アスパラガス・その他の野菜約 100 品目
キーワード	クラウドファンディング・農福連携・とうきょう援農ボランティア・農業体験農園・都市農業の特殊性

親世代の少量多品目型農業からの転換

白石秀徳さんが、大学卒業後、大手青果卸会社勤務を経て実家でもある東京都練馬区の「白石農園」で就農したのは、2016 年。2019 年には、アスパラガスの施設園芸に着手し、同時に農福連携も始めました。

白石農園の経営面積は、約 1.4ha。従来は、約 100 種類の野菜を生産し、農園直売や、JA 直売所やスーパーへの出荷を中心にしていました。農業体験農園（File 01 参照）やブルーベリー摘み取り園も経営していました。それに加えて、なぜ新たにアスパラガスだったのか。そこには、青果流通業を経験した白石さんならではの戦略もあるようです。

就農後、白石さんが最初に着手したのは、販路の見直しでした。JA 直売所は、市場出荷が主流だった 1990 年代に地産地消型の販路開拓のため親世代が創設したものですが、その後、都内スーパーも地場産野菜の直売を始め差別化が難しくなっていました。

「今の直売所は、同じ練馬区内の農家が同じ時期に同じ品目で競合する場になっています。一方のスーパーは、地場野菜を扱っている店舗でも地場比率はせいぜい 1 割程度。 競合を避けるため無理に収穫期をずらして直売所で販売するより、収穫適期に生産し、スーパーで販売したほうが付加価値は高い」と話す白石さんは、近隣スーパーの青果売り場に白石農園の販売スペースの確保を実現しました。

都市農業への追い風の中でアスパラガス生産へ

就農 2 年後には、アスパラガスの栽培準備に取りかかりました。アスパラガスは、北海道・熊本・佐賀・長野が主産地で、都内ではほとんど生産されておらず、かねてから白石さんは、就農後の栽培品目として注目していました。東京は全国の産地から野菜が集まる激戦区ですが、「青果市場で最も重視されるのは鮮度感。都内のスーパーにとって、東京産以上のものはないはずで、品質さえよければ売り負けないと思いました」と白石さんは話します。

ハウスなどの設備投資を経済面で後押ししたのは、国や東京都の支援事業でした。2015 年の都市農業振興基本法の施行後、国が「都市農業振興特別対策事業」をスタート。東京都も 2016 年から、従来の支援策の事業内容を大幅に拡充した「都市農業活性化支援事業」を始めたのです。都市農業に逆風が吹いていた 1990 年代までは考えられなかったことで、これを機に本格的に施設園芸を始めた都内の若手農業者は少なくありません。設備投資の絶好のチャンスに、白石さんも支援事業を活用し、2018 年度にハウス建設に着手。2019 年春、完成したハウスにアスパラガスの苗を定植しました。

農福連携、農業ボランティア……都市ならではの農業スタイルをめざす

アスパラガス生産と同時に、練馬区社会福祉協議会が運営する近隣の「かたくり福祉作業所」に野菜の選別や梱包作業を委託する農福連携を始めます。事前に首都圏のアスパラガス産地の栃木県などの視察を重ね、アスパラガスと農福連携の親和性を考えていたそうです。アスパラガス専用選別機と大型冷蔵庫の購入では、クラウドファンディングに挑戦。当初の目標額の 2 倍にあたる 280 万円が集まりました。

「政策が変わっても、肝心の消費者の方々が都市農業の存在意義を認めてくださっているのか確かめたかったのです。予想以上に味方が多いと実感できるいい機会になりました」と白石さんは振り返ります。

現在、白石農園では、SNS を通じて多くの都市住民ボランティアが農作業に参加しています。白石農園の LINE グループだけでなく、東京振興財団が運営するサイト「とうきょう援農ボランティア」も大きな力になっているそうで、リピーター参加者どうしのコミュニティも生まれているそうです。

「ボランティアの方がいらっしゃる前提で、収穫作業が楽しめる野菜の作付けを増やすなどの試みも始めました」と話す白石さんは、都市農業の強みと弱みについて、こう話しています。

「都市農業は、農業者がいくらがんばっていても、生産緑地の税制優遇など、存続に対する国民合意がなければ成り立たない特殊性があります。そのため地域に求められる農業経営を考えなければなりません。一方で、都市は圧倒的に人口が多い大消費地。野菜の鮮度感では優位に立てるし、収穫体験イベントや援農ボランティアなどで、消費者の方たちが直接畑に来やすい立地条件がある。そこが最大の強みだと思います」（榊田みどり）

File03

人々の心を癒し、幸せを届ける都市農業

農園 杉・五兵衛の軌跡と今後の挑戦（大阪府枚方市）

農家データ	
氏　名・ 組　織	堅島五兵衛（のじま ごへえ） 堅島郷（のじま ごう） 農園 杉・五兵衛・有限会社杉農園・ひらかた食農の会
概　要	大阪府枚方市杉地区にて約 4ha
主な 生産物	米・野菜・果物・タケノコ等少量多品目栽培
キーワード	都市農業・農耕・農の価値・有機循環型農業・六次化

農園 杉・五兵衛の事業概要とその理念

農園 杉・五兵衛は大阪府枚方市の東部に位置する杉地区で営まれる 4ha ほどの農園で、園内でつくられる農産物を料理や加工品の形で訪れる人々に提供しています。農園では野菜や果物、穀類の少量多品目生産に取り組むほか、鶏などの家畜も飼育しています。飲食場所や加工設備のある本館は、元は代官屋敷と酒蔵だった古民家を移築して建てられたものです。敷地内には野菜園、果樹園、竹林のほか、ロバ、ヤギ、ウサギといった動物たちがいる畜舎もあり、食事で訪れた人々が農園内を散策して四季折々の自然の風景を楽しめるようになっています。

農園 杉・五兵衛がこのような観光農園を始めたのは、園主の堅島五兵衛さんが大学を卒業して就農した 1971 年のことです。それまで、農園では米や野菜、果物などをつくって枚方や淀の市場へ出荷する典型的な都市近郊農業を営んでいました。経営を転換した最大の理由は急速に進展する都市化でした。当時、枚方市では人口の増加と共に農地の宅地化が進み、周囲の農家が次々と離農していきました。市街化調整区域となった農地は農業振興の対象から外され、農政は大規模効率化を志向していました。そのような中で、五兵衛さんは大学の恩師と共に都市部の農業が生き残っていくための方策を模索し、現在のような農業経営の青写真をつくっていきました（榊田 2017）。

たどり着いた結論は、効率化を追求する「農場」ではなく、人々の心を癒す「農耕の園」をめざすというものでした。「モノは輸入できても、土地固有の風土や農耕文化は輸入できない」という事実に目を向け、農産物の生産だけでなく、農耕の時代からあった加工技術や調理文化、農園の人々や自然の風景そのものが与える安らぎ効果までを含めて、農の価値として提供することにしたのです。

有機循環型農業の実践

従来、農耕においては、家族に食べさせるものがつくられます。そのため「農耕の園」をめざす杉・五兵衛では、来園者を家族と捉えて料理を提供してきました。家族に食べさせたいものとは、見た目がどうであれ、おいしく、健康によいものです。そのため農園では、1981年頃より農薬や化学肥料を一切使用しない有機栽培に移行しました。試行錯誤を経て、現在はブドウ・スモモ・柿のみ殺菌剤が使用されていますが、殺虫剤は一切用いずに栽培が行われています。

土づくりには、園内で飼育されているロバやウサギ等の動物の糞尿や野菜くず等の作物残渣、山林の落葉といったように、農場内で入手できる有機物を発酵させた堆肥が用いられています。レストランから排出される生ごみも園内でつくられるボカシ肥料に混ぜて発酵させ、ロバ・ウサギの糞と共に堆肥化されています。ヤギは竹林の雑草を食べ、地面の日当たりをよくしてタケノコの生育をたすける役目を担っています。古くなって伐採した竹は竹炭にして竹酢液を採り、製炭の際に出る煙と共に病害虫の防除に役立てています。このように、農園では土を肥沃化し、病害虫を防ぐために必要となる資材のほとんどを農場内でまかなう循環型の農業が営まれています。

農業の力のさらなる発揮に向けて

観光農園としてスタートし、まもなく大勢の来園者を迎えるようになった農園 杉・五兵衛は、以降、料理や散策を通じて来園者に農の価値を提供する都市農業のスタイルを確立してきました。近年は来園者がサービスの受け手として受動的に価値を享受するだけでなく、農業や里山がもたらす豊かさや幸せをより直接的・能動的に感じ取れるような取り組みが開始されています。一つには2007年に近隣の農家と共に開始した体験農園があります。そこでは約100組の参加者が農家による指導を受けながら年間30品目の野菜を育てています。他方、園内の一部を改装して、屋外でゆったりと休んだり、飲食したりすることのできるスペースも整備されてきました。さらに、五兵衛さんの長男であり、農園に勤務する堅島郷さんは、有限会社杉農園の代表取締役として、2021年より直営のデザート店であるTsiky Soft（ツイキーソフト）を展開しています。「ツイキー」とはマダガスカルの言葉で「笑顔」を意味します。そこでも農家がつくる作物を用いたデザートを提供することで、より多くの人々を笑顔にし、人々を幸せにするという農業の力の体現がめざされています。（谷口葉子）

［参考文献］
榊田みどり「農人伝　都市農業のあり方を確立　堅島五兵衛①」全国農業新聞、2017年9月15日

File04
チーズの製造開発を軸に挑戦を続ける
弓削牧場　弓削太郎さん（兵庫県神戸市）

農家データ	
氏名・組織	弓削太郎（ゆげ たろう）・弓削牧場
概　要	兵庫県神戸市北区六甲山の山間で約 9ha の開拓地 経産牛 22 頭、育成牛 23 頭 フリーストール牛舎、搾乳ロボット、放牧 従業員 50 名（うち正社員 12 名）
主な生産物	生乳（出荷と自家用が半々）、低温殺菌ノンホモ牛乳、チーズ（ソフト・フレッシュ）、アイスクリーム、菓子；レストラン業も営む
キーワード	海外農業研修、フロマージュ・プチタロー、資源循環

弓削牧場のロゴ
左から次女・麻子さん（当時 1 歳）、長男・太郎さん（当時 3 歳）と長女・杏子さん（当時 5 歳）

弓削牧場は、神戸市の中心部から車で約 20 分の新興住宅街に隣接する家族経営の牧場で、独自のチーズづくりで知られています。「弓削牧場」は屋号で、㈲箕谷酪農場と㈲レチェール・ユゲから成り立っています（図 1）。2023 年 5 月で 80 周年を迎える弓削牧場においては、二代目の弓削忠生・和子夫妻が現役でありながらも、経営の中心的担い手を次の世代に移しつつあります。

次世代継承への強い想い

弓削牧場のロゴは、和子さんが 1984 年に自ら描いた子どもたちがチーズを手に持つ似顔絵です。当時から次世代へつなぐ気持ちがうかがえます。現在では、長女・杏子さんはアメリカに在住しながらも、週 1 回の経営ミーティングに遠隔出席し事業全般の参画に携わっています。次女・麻子さんは、レストラン事業（「ヤルゴイ」「ルピック」）を統括し、長男・太郎さんは乳牛の管理とチーズ製造と会計を任されています。

太郎さんは、2022 年に㈲箕谷酪農場の代表取締役に就任し、これまで父の二代目・忠生さんが担ってきた弓削牧場の根幹でもある酪農生産を引き継ぎました。また、㈲レチェール・ユゲの取締役として弓削牧場の代表的製品――チーズの製造開発も担当しています。

チーズへの新しいアプローチ

太郎さんは、地元神戸市で中学を卒業した後、北海道の酪農学園大学附属とわの森三愛高等学校に入って酪農経営について学び、酪農学園大学の食品科学科（当時）に進学し、乳製品製造学研究室（当時）でチーズについて勉強しました。4 年生の夏休

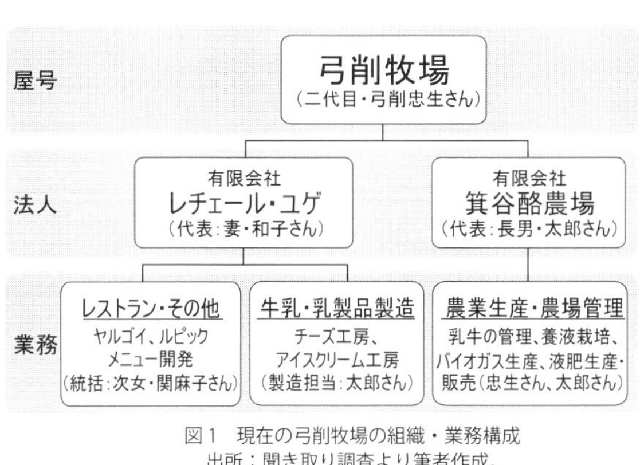

図１　現在の弓削牧場の組織・業務構成
出所：聞き取り調査より筆者作成。

表１ 弓削太郎さんの１日

タイム	チーズを作る日（週に４日）	チーズを作らない日（週に２日）
６時頃	起床	
７時頃	出勤 牛舎の掃除 生乳を工房へ送る	子３人の朝食を世話 子を保育園へ送る
８時半頃	牛乳の瓶詰め チーズづくり	出勤 各種ミーティング
12 時頃	昼食	
13 時頃	事務作業（会計、資料作成、資材発注等）	
時間がある時	作業効率の向上のための ICT ツールの作成、牧場内の道路掃除	
	後片付け	
18 時頃	退勤・帰宅 夕食・家事	
20 時頃	オンライン研修（月１～２回）	
23 時頃	就寝	

出所：聞き取り調査より抜粋し筆者作成。

みに海外農業研修でフランスに行き、１か月ほど地元のチーズ工房や職業訓練学校にて商品としてのチーズ製造について学びました。この経験は、それまでの勉強とは全く異なったアプローチのため、太郎さんの今日のチーズづくりの土台になるほど大きな影響を与えました。今でも「関西チーズ職人の会」が開催するオンライン研修と交流活動に積極的に参加し、日々繰り返しているプロセスでも新たな発見を心がけています。弓削牧場の定番であるカマンベールチーズ、フロマージュ・フレ、モッツァレラチーズ、リコッタチーズのほか、誰でも食べやすくておいしいと思えるチーズをめざす太郎さんが開発した、熟成の程度によって味が変化する白カビチーズ「フロマージュ・プチタロー」も加わりました。チーズの他、地産地消や素材の味を活かすコンセプトをもつ新しいアイスクリームの方向性も探索しています。

サステナブル＆スマートな牧場へ

農業部門に関しては、近隣住宅への配慮や、飼料等資材の価格高騰を受け、乳牛の飼育頭数は減少傾向にありますが、弓削牧場のバイオガス生産によるエネルギー自給や資源循環による地産地消の仕組みを維持していくためには、一定の生産規模を保つ必要があると太郎さんは指摘します。また、太郎さんは、バイオガスの副産物であるメタン発酵消化液を肥料とした養液栽培について模索しています。儲けを追求する発想ではなく、乳製品を食べてもらいながら牧場の風景を維持し、「癒し」の空間として提供しつづけることが、太郎さんを含め弓削牧場経営陣の共通認識であるといえます。

最後に、表１で太郎さんの１日のスケジュールを示しました。上述した業務以外にも、会計などの事務作業を担当し、自らスマートフォンアプリを作成するなどして、ICT ツールの応用を積極的に事務作業や業務連絡に取り込み、より精確でかつ迅速なデータ蓄積と情報伝達を追求しています。(戴容秦思)

File05
地域ぐるみで農の魅力を高める
ナカスジファーム　中筋秀樹さん（大阪府）

農家データ	
氏名・組織	中筋秀樹（なかすじ ひでき） ナカスジファーム、（株）おおきにアグリ
概　要	大阪府富田林市にて約５ha
主な生産物	ナス・キュウリ・エビイモ・軟弱野菜
キーワード	地域との協働・農業塾・農業関係人口

都市近郊で行われる魅力的な農業

ナカスジファームは富田林市（大阪府）の市域中央部に所在します。ここは大阪市の中心部から鉄道・自動車のいずれでも１時間以内の範囲にあたる地域です。耕作規模は5ha（2022年現在）と府内ではかなり広大で、ベトナム人14名を含む30名を雇用しています。ナス、キュウリをメインに、水菜、パクチー、エビイモなど30～40品目程度を生産しています。とくにナスは「千両」・「ラクロ」・「ふわとろなす」など９つもの種類を栽培し、主に関西のスーパーマーケットやデパート、飲食店等に出荷しているそうです。

園内には多数のハウスが立ち並びますが、その一つには「Heart of Nakasuji Farm」という看板が掲げられています（写真）。ここは農園の価値を理解してくれるファンたちのためのバーベキュー用施設です。園内の野菜を収穫し、味わいながら交流を楽しめるファンコミュニティ形成のための空間です。また、園内には他地域から農業をするために通う人々に貸し出す土地も準備しています。中筋さんは「農業関係人口をつくる」という視点も持ち合わせ、農園、地域を超えて経営を展開しています。

農業としてあるべき姿を創造する

当園は130年もの歴史があります。父親から経営を受け継いだ園主の中筋秀樹さんは、幼少期から農業に親しみ、農業高校、農業大学校を優秀な成績で卒業しました。中筋さんは33歳で経営主となり、農園の経営理念を掲げることにしました。それは、

「【農】を志す我々が、農業としてあるべき姿を創造する!!」というものです。農業が旧態依然としたままでは、農業への就業者を増やすことはできないと考え、自ら魅力ある農業を構想・体現することで、農業を人気ある仕事に押し上げたいと考えています。

将来を見据えた地域ぐるみの魅力ある農業の創造

ナカスジファームの特徴は、大都市近郊の地の利を活かし、地域ぐるみで農業の魅力を高めることに尽力している点です。2015年、地域の仲間とともに「富田林市の農業を創造する会」を結成、地域の農業の魅力を高め、伝える努力を始めました。メンバーの名刺をつくることから始め、商談会へ参加したり、近隣のニュータウンにて「金剛マルシェ〜地場産やさい市〜」を開催し、地域の人々に野菜を販売しました。これは地域の農家らが経営センスを磨く環境を整えることにもなりました。

2018年には、株式会社「おおきにアグリ」を創設しました。この会社は、農地管理やハウス修理・草抜きなど農作業の請負、農機具のリース、農業人材の育成などを事業内容とし、事務局をナカスジファームに置いています。かつての「村」が協働で担ってきた出役や助け合いを、組織として蘇らせようとする仕組みです。

ナカスジファームは農業生産・販売に特化し、その他の様々な仕事や地域との窓口を「おおきにアグリ」が担うという分業体制を整備しています。

新規就農者支援にも力を入れています。2017年には、JA大阪中央会の「新規就農「はじめの一歩」村」の研修受け入れ団体に登録し、2年間で31名の研修生を受け入れました。なかには大阪市内や他県から通う研修生もいます。毎週土曜、地域の農家のみなさんが直々に、農業技術について実践的な訓練を提供しています。さらに外部から講師を招き、経営に必要な流通・販売や法律などについて学ぶ時間も設けています。研修生の中には、すでに農地を借り、新しい農家として活躍している人もいます。

多元的なチャネルで地域内外の農家や支援者、ファンたちを結び、まさに魅力的な経営のあり方を体現しているナカスジファームは、地域ぐるみで都市農業を守るという、次世代の都市近郊農業の一つのモデルとなりうることでしょう。(小林基)

File06

「特定市」以外でも生産緑地で農地を守り、活かす

貴志正幸さん（和歌山市）

農家データ	
氏名・組織	貴志正幸（きし まさゆき）
概　要	和歌山市梅原地区で約 3ha
主な生産物	米・野菜
キーワード	生産緑地・有機循環型農業・地域との共生

生産緑地の問題は、三大都市圏特定市に注目しがちですが、それ以外の地域も看過してはなりません。なぜなら、そこには三大都市圏特定市よりはるかに多い農地・農業があり、三大都市圏と同様に中心市街地の衰退・空洞化、郊外部の乱開発・過密化・スプロール化、グリーンインフラの劣化等も顕在化しています。「農のあるまち･くらし」を求める声も広がっています。しかし、特定市以外で生産緑地指定に乗り出している市町村は未だ少数です。そうしたなかで注目されるのが和歌山市の取り組みです。同市では、生産緑地指定が始まった 2006 年の 24.5ha から 2020 年には 81.6ha へと 3 倍以上も生産緑地が増加し、三大都市圏特定市以外では突出した存在です。

生産緑地を選択

同市で他に先駆けて生産緑地が指定され増加している大きな要因は、関係農業者の熱心で粘り強い取り組みがあります。それら農業者の代表格の一人が貴志正幸さんです。

貴志さんが市街化区域内で営農を続けることの難しさを最初に実感したのは農地に対する固定資産税です。和歌山市は、三大都市圏の特定市ではありませんからストレートに宅地並み課税はかかりませんが、農地の課税評価基準が宅地並みとなっているため宅地価格の上昇につれて年々課税基準額が引き上げられ、固定資産税も 10a あたりで 4 万､5 万､6 万円へと上がってきました。貴志さんは農地にかかる固定資産税をシミュレーションし、近い将来 10 万円を超えることをつきとめました。コメ販売代金を上回るほどの税金が予測される中で農業を継続するためにはこの状況から脱出しなければならないと決断したのです。そこで貴志さんは、JA 青年部の仲間や近隣農家に呼びかけて学習会を積み重ね、農業継続を阻害する高額の固定資産税を回避する方策として農地として評価・課税される生産緑地指定の途があることを学び、市と交渉を繰り返しながら生産緑地指定を選択したのです。

何としても地域の農業・農地を守り、活かしたい

貴志さんは、1981 年の就農以来、農地を守るだけでなく、活かすことが大事である、そのためにどのような農業を展開していくかを考え続けてきました。そうしたなかで貴志さんが追求しているのは次の 4 つです。第 1 は安心・安全な農産物を作ること。農薬や化学肥料の使用を抑え、環境に優しい農業をめざすことです。第 2 は、生産したものはできるだけ地元の人に食べてもらうこと。第 3 は、農外の人々に農業体験や交流の場を提供すること。地域住民に農業の楽しさや役割を理解してもらいながら地域住民と一緒に農業を続けていくことです。第 4 は、周辺農家や仲間を大切にし、力を合わせながら地域の農業を守り、発展させることです。

この 4 つの基本姿勢を貫きながら仲間たちと一緒に地域住民に役立つ農業を継続していくためには、地域ぐるみで農業・農地を守り、継続させていく必要がありました。その願いを実現するための途が、生産緑地制度を活かすことでした。貴志さんが住む和歌山市梅原地区では現在、貴志さんの農地を始めとして 7ha 強の農地が生産緑地に指定されています。

地域になくてはならない農業をめざして

貴志さんは、就農以来、めざしてきた農業に挑戦し続けています。

第 1 の「安心・安全な農産物を作る」については、有機農業を追求し、有機認証も取得しています。「あいがも農法」による稲作、無農薬・無化学肥料による野菜づくりに挑戦しています。また、最近ではグリホサート使用の輸入小麦の危険性が問題になっている中で学校給食用のパンの原料となる小麦づくりにも力を入れています。

第 2 の「できるだけ地元の人々に食べてもらう取り組み」は、毎週 2 回（日·水曜日）地元の農協支所と自宅近くの道端で 30 年近く続けた朝市です。朝 9 時から対面販売で続けてきました。また、地元の小学校の給食用に米や野菜を供給し続けています。

第 3 の「農業体験や交流の場を提供する」に関しては、注目すべき取り組みを展開しています。その一つが「あいがも農法」の田んぼの開放です。地元の小学校の児童をはじめ親子連れや一般社会人等を対象に、泥田に入り手植えの田植えや鎌による稲刈り体験を 30 年以上続けています（写真）。また、生協組合員には田植え·あいがも放鳥·あいがもひきあげ・稲の花見・稲刈り・脱穀という「あいがも農法」のフルコースの体験もセットしています。このユニークな体験には多い時には 300 人もの参加者があり、地元の名物にもなっています。最近は JA わかやま、和歌山大学と連携し、20 組の市民を受け入れる「農業体験農園」も開設しました。農業者（園主）の主導のもとに農園利用者と協力・協働して作物を育てる市民農園（いわゆる農園利用方式）にも挑戦しています。（橋本卓爾）

File07
都市住民の手を借り棚田を守る
井原山田縁（いわらやまでんえん）プロジェクト（福岡県糸島市）

農家データ

氏名・組織	井原山田縁プロジェクト NPO 法人田縁プロジェクト代表理事　川口進
概　要	福岡県糸島市の中山間地で約 3ha
主な生産物	米・大豆・ジャガイモ・味噌・餅・酒
キーワード	有機米・体験・家族・サポーター制度

270 万人が住む福岡都市圏にある福岡県糸島市の中山間地で、2004 年に始まった「井原山田縁（いわらやまでんえん）プロジェクト」。近隣のまちに住む非農家 150 世帯の手を借りて 40 枚計約 3ha の棚田を保全する、ユニークな取り組みです。

150 世帯で 3ha

「野菜作りなら市民農園があるけど、お米も同じように自分で作れんとね？」。プロジェクトのきっかけとなったのは 20 年ほど前、福岡県庁の農業改良普及員として普通作（米や麦）を担当していた川口進さんが、消費者からこんな質問を受けたことでした。

「お米は野菜と違って、年に 1 度しか収穫できないから、結構な面積が必要なんです。水利権もあって、よそ者が勝手に利用はできないから、なかなか難しいですねえ」

そう答える一方で、川口さんが住む糸島市の農家からはこんな声が。

「これから田んぼはどうしようかねえ。私も年をとってあと何年できるか。息子たちは後を継がんて言いよるし……」

面積が小さくて日当たりも悪い中山間地域の棚田は、借りてくれる農家が特にいません。過疎化、高齢化が進むなか、こうした田畑をどうやって存続させていくか。いずれ問題が深刻化する前に、米作りを体験したい消費者と、お手伝いが欲しい農家をつなぐ仕組みはできないものか。川口さんが本業とは別の活動として、地元の農家と話し合い、考えついたのがサポーター（会員）制による米作りでした。

サポーターの義務は、年間最低 1 回の農作業と、1 世帯 8,000 円の年会費。サポーターになれば、みんなで作った無農薬有機栽培の天日干し米「田縁米」を玄米価格 1 キロ 500 円で購入できます。3 月の年度替わりに新規会員を募集していますが、毎年、定員の 8 割はリピーターという人気ぶりです。

4月＝温湯消毒による種モミの準備 5～6月＝育苗、代かき、田植え、田の草押し▽サツマイモの苗植え▽ジャガイモ掘り▽梅ちぎり 7～8月＝草押し、草取り▽大豆の種まき、中耕、除草	9～10月＝竹取り、稲刈り、掛け干し、脱穀 11月＝竹飯盒で新米ご飯▽大豆の脱穀、選別 12月＝餅つき 1月＝味噌造り 2～3月＝田んぼや周辺の整備、春ジャガの植え付け

参加したくなる仕掛け

機械は使いますが、狭い棚田で頼りになるのは人力。なかでも田植えと稲刈りには、特に多くの人手が必要になるなかで、プロジェクトでは「この日に何人来てください」と呼び掛けなくとも、来てほしいときに多くのサポーターが集まる仕掛けがあります。

例えば、プロジェクトの田植えでは、黒米なども含め、2週に分けて6種類の米を植えます。植え終えたあとの達成感があるとはいえ、長時間、腰をかがめて苗を植える作業は楽ではありません。そこで威力を発揮するのが春ジャガ。田植えに合わせて収穫期が来るよう計算し、2月中旬に種芋が植え付けられているのです。

田植えの参加者には、1家族につき5株ずつ掘って持ち帰れる特典が。しかも1週目はホクホクおいしいキタアカリ、2週目はいろんな料理に使えるメークインと品種が替わるため、田植えに2回参加するサポーターが続出する、というわけです。架け干し作業で自然乾燥させる稲刈りも同様に、サツマイモや枝豆の収穫と組み合わせて行われています。

サポーターの楽しみはまだあります。それは、1回農作業に参加するたび、棚田でとれた「田縁米」 の購入や、餅や味噌の代金、イベントの参加費、市内のレストランなどで使える500円相当の地域通貨「ぎっとん券」が1枚、もらえること。中学生以下は100円程度の「ぎっとんお菓子」ですが、「これが欲しくて、子どもが親を連れてくることもあるんです」と川口さん。

平地以上に人手がかかる棚田の作業に、年間延べ2,000人を超す人々が参加する裏には、こんな愉快な仕掛けがあるのです。

「農で学ぶ学校」

4年前に県庁を退職し、NPO法人田縁プロジェクト代表理事として、プロジェクトに専従で関わるようになった川口さんは言います。「少しでも多くの人が、週末を利用しながら農業に関わるライフスタイルが広がれば、きっと未来のカタチも変わっていく」、と。

米の作り方を教えるか、米の作り方で教えるか。農作業を教えるか、農作業で教えるか。「を」と「で」のわずか1字の違いで、その意味合いは大きく変わってきますが、プロジェクトはまさに、四季折々の農作業を通じて食卓の向こう側と、先人たちが培った伝統や文化を未来へつなぐ「農で学ぶ学校」のように思えます。（佐藤弘）

File08
農業は人と人をつなぎ、様々な体験を提供できる産業
七彩ファーム　川崎佑子さん（大阪府羽曳野市）

農家データ	
氏名・組織	川崎佑子（かわさき ゆうこ） 七彩（なないろ）ファーム
耕作地概要	大阪府羽曳野市で約 130a
主な生産物	いちじく・河内一寸空豆・彩誉人参など
キーワード	新規参入・自営女性農業者・援農・体験

七彩ファームの概要

七彩ファームは大阪府羽曳野市で農業に新規参入した川崎佑子さんが同じく新規参入の辻有貴さんを雇用するという形で二人三脚で営んでいる農園です。現在、130a の畑で、イチジク（改植も含め 35a）、大阪の南河内で昔から作られている河内一寸そら豆、大阪の岸和田市で生まれた彩誉（あやほまれ）人参など年間 15 種類を化学農薬や化学肥料を使用せず、育てています。川崎さんは大学を出て他産業に就業していましたが、農業をやりたいという強い気持ちから 2012 年に農業大学校に入学し、2 年間学びました。2014 年の卒業と同時に「農園たかはし」に就職し、5 年間技術や農業経営を身につけ、2019 年に七彩ファームを開きました。当初は 80a からスタートしましたが、これまでの川崎さんたちの様子を見て、地元の人たちから、自分の使っていない土地でも生産をやってくれないかと声掛けをしてもらうことが増え、2022 年現在では 7 名の地主から 130a の畑を借りるほど拡大しています。

生産物の多くは、個人営業の八百屋や少し高級価格帯の直売所（仲卸経由）へ出荷しています。最初は他の直売所にも出荷していましたが、低価格競争に巻き込まれている節もあるため、出荷するのをやめました。個人飲食店や個人客にも少し販売していますが、そら豆やイチジクは個人客を増やしていきたいと考えています。

「行きつけの畑」になりたい

川崎さんが農業で独立した当初感じたのは、1 人で農業をするとモチベーションが上がらないということでした。そこで 2 年目からは農業大学校を卒業予定の辻さんに声をかけ、2 人で仕事をすることになりました。そうすることで、人がいるとがんば

れること、自分だけでは思いつかないようなアイディアがどんどん膨らんでいくことを実感しました。また、130a もの畑を何とか回していかなければならないという重責もあります。そのようななか、取引先の八百屋から農作業に興味のある消費者が多いという話を聞き、援農ボランティアにも来てもらって、一緒に作業をしていくことを思いつきました。そこで、ＳＮＳやウェブサイトで募集をかけたり、八百屋に援農の話をしてもらったりして、農作業をしたい人を集めています。基本的に日曜日以外の 8 時～ 17 時まで毎日畑作業をしているため、援農ボランティアには、その日来てもらった時にもともと自分たちがする予定の作業を手伝ってもらっています。年に 1 回、月に 1 回、半日だけ、1 日中、2 時間だけなど、援農ボランティアの行きたい時に都合のよいように手伝えばよいということにしています。こうして集まってきた援農ボランティアは、1 日あたり多くて 3 ～ 4 人、2021 年はのべ 150 人が作業に参加しました。

イベントで人が集まる工夫もしています。2021 年にはピザ窯を農園に設置するためクラウドファンディングで資金を集め、今では農園でとれた野菜を自由にトッピングして焼いたピザを食べながら参加者同士が交流するイベントを月に 1 ～ 2 回実施しています。イベント内容は、手作りピザ焼きイベントを主軸に、直近のものでいうと「ラブ・ストーリーは突然に～ミドルの恋活イベント～」（2023 年 4 月）や焚火を囲んで新年会（2023 年 1 月）など、気軽にみんなが行ける「行きつけの畑」になることをめざしています。他にも、農家同士で連携して体験農業を受け入れたり、夕市を開催したり、同じく新規参入した女性農業者がつくる「うすいえんどう」と「河内一寸そら豆」のコラボ商品セットを企画・販売するなど、いろいろと趣向を凝らした企画を展開しています。

農業の多様な可能性

「農業は生産だけが目的じゃない。農業は人と人をつなげ、様々な体験を提供できる産業です」これは川崎さんの言葉です。彼女の取り組みは、いろいろな可能性を感じさせるものです。一つ目は、新規参入の女性が職業選択の一つとして農業を自ら選び、それで生計を立てることが可能であることを示していること。二つ目は、援農ボランティアには農作業という体験を提供しつつ、女性二人で切り盛りしている畑をうまく回すという小規模ながらも持続的な経営のあり方を示していること。三つ目は、消費者に対し「行きつけの畑」になるという農業の存在意義のあり方を示していることなどです。（副島久実）

File09
ニュータウンをレモンの街に
泉北レモンの街ストーリー　苅谷由佳さん（大阪府堺市）

農家データ	
氏名・組織	苅谷由佳（かりや ゆか） 一般社団法人 泉北レモンの街ストーリー
耕作地概要	大阪府堺市で約 60a
主な生産物	レモン
キーワード	レモン・ニュータウン・特産品・新規就農

泉北レモンの街ストーリーの概要

一般社団法人泉北レモンの街ストーリーは、「泉北をレモンの街に」「レモンを泉北の特産品に」を目的に、大阪府堺市の泉北ニュータウンの住民たちが 2015 年 7 月に活動をスタートさせた団体で、2021 年に法人化しました。

主な活動の一つは、「泉北の街のあちこちでレモンを見ることができる風景づくり」です。レモンの苗木を販売し、個人宅、会社、施設、公共空間等へのレモンの植樹、鉢植え設置を推進しています。通しナンバーをつけた「泉北レモンの街ストーリープレート」（500 円）も販売しています。これまでに、地元の幼稚園、小・中学校や高校も活動に賛同し、レモンの植樹をしました。泉北郵便局も郵便局の前に、開局 100 周年の 2021 年にレモンを 10 本植樹し、2023 年 3 月に 15 本を追加植樹しました。この活動に賛同すれば、泉北ニュータウン以外の住民もプレートは購入可能で、他店でレモンの苗木を購入した場合も、プレートのみを購入することが可能です。このプレート販売が主な活動資金となっています。これまでに、プレートの通しナンバーは 1830 までになり、その本数のレモンが植樹されたことになります（2023 年 5 月 31 日時点）。また、泉北レモンの街ストーリープレートを購入した人を対象に、Facebook やメールを通じて、レモンの暦に沿って栽培のコツなどを知らせるなど、積極的にレモンを介したコミュニケーション、ネットワークづくりに取り組んでいます。

二つ目は、泉北レモンを泉北の特産品にするための取り組みです。泉北の遊閑地へレモンを植樹・栽培し、生の泉北レモンの販売や、加工品の開発を通して、泉北の特産品づくりに取り組んでいます。この団体の立ち上げの中心となった代表理事の苅谷由佳さんはレモンを使って何かしたい、地元の特産品・お土産が欲しいとずっと考えていました。そのため、農業大学校に通い、2017年4月には大阪府の制度である「準農家」の資格を得ました。それにより地元で農地を借りられるようになり、現在、60aの土地で200本のレモンを栽培しています。2019年には団体で、泉北レモン®生産出荷組合も設立しました。これらのレモンを使って、苅谷さんはマーマレード・フロマージュを加工・販売しています。それは大阪産（もん）・堺のめぐみ・堺市優良観光みやげ品認定を受け、堺市ふるさと納税返礼品にもなっています。クラフトコーラを加工販売するメンバーもいます。2021年には地元の高校生たちが高校のプログラムの一環として泉北レモンプロモーション班をつくり、2022年には泉北レモンを使ったジャムを開発し、以下で述べる泉北レモンフェスタで販売したりするなどして、2022年の「高校生ボランティア・アワード」を受賞しました。

三つ目は、年に一度、レモンの植樹に最適な時期にあわせ開催している泉北レモンフェスタです。活動報告、レモンの苗木販売、レモンの育て方セミナー、泉北レモン活用のワークショップ、生の泉北レモンや加工品の販売をしており、みんなで泉北レモンを楽しみ尽くすイベントとなっています。

広がるレモンの輪とそこからみえる論点

この団体の活動は、もともとは、苅谷さんが庭にあるレモンの樹や花のよい香りがリビングまで届いてきたときに、街全体がレモンの香りで包まれたら素敵だなと思ったこと、また、堺市南区という地域が、昔から柑橘類の栽培に適していたと知ったことから始まりました。それが住民に広がり、地域に広がり、今では泉北以外に住む人もレモンを育て、樹や実の成長を楽しんでいます。このように都市住民に農を身近に感じてもらう取り組みとして、地域づくりやネットワーク化のあり方など、学べることがたくさんある事例です。

苅谷さんは自ら農業大学校に通って準農家となり、農地を借りられるよう積極的に動き、レモンの作付面積を増やしていきました。それでも、まだまだ作付面積を広げていきたいと考えています。このように農外の都市住民が積極的に農業に参入していこうとしている様子もよくわかる事例です。

全国的に農業が衰退化しているなかで、このように積極的に生産をしていきたいというニーズをどのようにして汲み上げていくか。重要な論点の一つです。（副島久実）

File10
都市農地貸借法を活用し、JA が都市住民対象に体験農園を開設
JA 世田谷目黒

都内で最も早く宅地並み課税問題に直面。JA が相談業務を担う

JA 世田谷目黒管内は、第 2 章でも触れた 1973 年の市街化区域内農地への宅地並み課税導入の際、A農地（31 頁参照）となり、真っ先に農地の宅地転用の圧力に晒された地域です。農家組合員の運動で 1974 年に生産緑地制度、1975 年に相続税納税猶予制度が制定され組合員から強い要望があり、JA が資産管理部を立ち上げ、相続·税務など営農を継続したい農家の相談を受けてそれぞれの問題を解決しつつ、その後の生産緑地制度や相続税納税猶予制度などの継続を国に強力に働きかけてきた歴史があります。

そのため世田谷区は、今や東京 23 区の中でも地価が高い高級住宅地の多い地域にもかかわらず、今でも約 70ha が生産緑地として守られています。ただし、農業者の高齢化と後継者不足が喫緊の課題で、これまでも JA 職員による援農や、農業経験のない後継者に、管理しやすい品目の栽培を勧めるなど、農地の維持に務めてきました。

しかし、病気やケガで入院し、一時的に耕作できなくなったり、高齢になって農作業ができなくなったりした場合、また、農地を相続した後継者が耕作するのが難しい場合は、生産緑地指定を解除する以外の選択肢がありませんでした。

2018 年の「都市農地の貸借の円滑化に関する法律（以下、都市農地貸借法）」の施行は、地権者自身が耕作できなくても、体験農園を設置することで農地として維持できる選択肢を用意できる機会になり、同 JA は「体験農園室」を創設し、資産サポート部と連携しながら、耕作できなくなった生産緑地を JA が借り上げ、「体験農園」として整備する体制を整えました。

都市農地貸借法で、JA が企業とも連携し体験農園開設へ

「体験農園」の仕組みは、練馬区の農業体験農園（File01 参照）とほぼ同じです。JA が種苗や農具を用意し、地元農業者をアドバイザーに JA 職員も栽培指導スタッフを務め、入園者は手ぶらで苗の定植から収穫までを体験できます。

2023 年 5 月現在、JA 世田谷目黒管内には 4 農園が開設されています。1 区画 10㎡で、年間 10 万円（税別）。2 か所は、農園の近隣住民向けですが、2 か所は大手不動産会社と業務連携し、同社からマンションや戸建てを購入したオーナー対象の会員制です。

いずれも、募集後すぐに定員が埋まる人気で、23 年 9 月には 5 か所目の体験農園を開園予定です。

「この事業のスタート当初は、コロナウイルスによる行動規制の影響で希望者が多いのかと思いましたが、感染が収束しつつある今も、新規農園の募集がすぐ埋まり、潜在的ニーズが多いことを実感しました」と、同 JA 代表理事常務の浅海高弘さんは手応えを感じています。区内の私立中高一貫校が体験農園を借り、授業の一環として農業体験を実施するなど、食育事業の場としての利用も始まっています。

体験農園には、二次的、三次的波及効果がある

現在の 4 農園で開設された区画総数は 188 区画、総面積は約 1.1ha。それだけの都市農地が、この体験農園事業の創設で守られたことになります。都市農地を守る選択肢の一つとして始まった体験農園事業ですが、「二次的、三次的……と、様々な効果が出ています」と、同 JA 経営管理委員会会長の飯田勝弘さんは話します。

一次的には、農業者が入院や高齢で耕作できなかったとき、農地を貸借することで農業者が生産緑地として継続できること。相続が発生したときにも JA に対応を任せられる安心感があるのです。二次的には、JA のサポートによって都市住民が農作業を担ってくれるので、農地が荒れずに管理されること。第三に、多くの都市住民が参画することで、都市農地の必要性についての理解が広がること。さらに、農地を貸した地権者と、体験農園を借りた都市住民の交流が生まれ、地権者にとって、その交流が楽しみや生き甲斐にもつながっていること。他にも波及効果はいろいろあると飯田さんは実感していると言います。

ただしそれでも、世田谷区内の都市農地は、相続が発生するたびに、毎年 1 ～ 2ha 規模で減少しています。相続対策は、現行制度が変わらない限り解決の糸口が見えません。それでも同 JA では、農家組合員の希望に応じて体験農園事業を拡大していく計画です。

「農地がなくなれば JA の存在価値もなくなります。現状ではベストの解決策が体験農園だと思っています」との浅海常務の言葉に、飯田会長はこう言葉をつなげました。

「これまでの都市農地に対する逆風が、追い風というより今は凪ぎの状態になった程度と考えています。今後の都市状況によって、また都市農地への風も変わります。だからこそ、農地をしっかり管理しながら、どれだけの都市住民の方たちに味方になってもらえるかが、今後の都市農地保全のカギになります」

同 JA が掲げているコンセプトは「畑のちから」。多種多様な人とのかかわりが畑の力になるというメッセージが込められています。（榊田みどり）

File11
「農」のある暮らし、街とともにある農業をめざす
注目すべき名古屋市の都市農業振興基本計画

早くから都市農業のあり方を模索し、振興方針を策定

中部圏の中心地である名古屋市には、今なお1,300ha近くの農地があり、約3,400戸の農家が頑張っています。同市は、2018年「都市農業振興基本法」第10条に基づき都市農業振興基本計画として「なごやアグリライフプラン」を策定しました。A4判15頁ほどの簡潔なものですが、内容はきらりと光っています。

同市の基本計画が光っているのには理由があります。それは、国が提示した都市農業振興基本計画などのコピーやにわか作りではなく、長い間都市農業と向き合い、都市の中での農業のあり方について模索し、どのような施策が必要なのかを追求してきた実績に裏づけられているからです。

同市では、すでに1998年「名古屋市農業振興方針」を策定し、市独自の都市農業振興に乗り出しています。その後も都市農業をめぐる状況変化に対応しながら模索を重ね、2006年には以前の振興方針をより充実させた振興方針として「なごやアグリライフプラン」を策定しています。同プランでは、産業としての農業だけでなく、環境への貢献や生活・文化の基盤としての役割に着目し、より広い視点から農業振興を図っていくことを打ち出しています。今回の基本計画には、こうしたこれまでの蓄積が活かされています。

めざすは「「農」のある暮らし、街とともにある農業」

今回策定された基本計画（なごやアグリライフプラン）では、名古屋市がめざす都市農業の姿を「「農」のあるくらし、街とともにある農業」と明記しています。なかなか魅力的な目標設定です。その趣旨を基本計画の文章から紹介しておきましょう。

「本市の農業は、人口密集地域やその周辺で行われています。農業が産業としてより良く行われるためには市民による理解が不可欠です。また、農業や「農」に触れる機会が少ない都市での暮らしに「農」を取り入れることは、市民生活をより豊かなものにします。本市は、都市において農業と市民がお互いにより良い関係を築くことができる社会を目指して農業振興を行っていきます。」

都市農業の特質と役割・機能を踏まえ、農業者と市民の双方を視野に入れながら両者の連携と協働によって都市農業の振興を図っていこうとする意図が明らかです。そ

して、上記の目標を実現するため①活力のある農業、②「農」のある暮らし、③農業と市民をつなぐという3つの重点課題を掲げ、それに対応する基本施策をコンパクトに提示しています。

ユニークな「耕す市民」の育成施策

名古屋市の基本計画には参考にすべき点が多々ありますが、なかでもユニークなのは第2の柱である「農」のある暮らしの基本施策の一つである「耕す市民」を育成する施策です。

同市では、「耕す市民」の育成のため手順を踏んだきめ細かな施策を展開しています。第1段階は、市の農業公園での農業体験イベント、市民水田やふれあい農園などを通じて市民が農業と触れ合う機会をつくる取り組みです。第2段階は、貸農園や農業体験農園を開設し、利用者を増やしていく取り組みです。自分で耕してみる市民の育成です。第3段階は、趣味や生きがいから一歩進んで農業にチャレンジしたい人の受け皿づくりと応援です。同市では、2014年から「チャレンジファーマーカレッジ」を開設し、新しい農業者の育成に力を入れています。ちなみに、カレッジの定員は8人ですが、設立以来定員を上回る応募があるそうです。

このように、一過性の農業体験イベント等で終わるのではなく、市民が額に汗して耕す機会をつくり、耕すことに喜びや生きがいを感じる市民、さらにはそのことを通じて農業への関心・理解を深め、農業者へとチャレンジする市民を育成していく場を提供する取り組みは注目に値します。

農業ボランティアを育成

注目すべき施策をもう一つ紹介しましょう。それは、第3の重点課題である農業と市民をつなぐための一環として取り組んでいる農業ボランティアの育成です。この取り組みは、すでに2001年から始まっていますが、ますます深刻化する都市農家の人手不足を解消・緩和するうえで貴重な施策です。市民の中には、農業に関心を持ち、人手不足に悩む農業者を支援したいと思う人も少なくありません。この人々を市立農業センターの「農業ボランティア育成講座」で技術研修を行って能力を高め、研修後は「なごやか農楽会」という魅力的な組織の会員として登録し、その後は農業者の要請に応じて適宜無償で援農につないでいます。毎年30名程度の応募者があり、「なごやか農楽会」の会員は現在203名にもなっています。市内に200名もの援農者がいることは農家にとって大きな励みとなっています。おおいに参考にすべき取り組みです。(橋本卓爾)

［注］
本稿は、橋本卓爾『都市農業に良い風が吹き始めた』(2019年)掲載の「「農」のある暮らし、街とともにある農業をめざす」を加筆・修正したものである。

File12
広域行政によって都市農業の役割・機能を総合的に活かす「阪神アグリパーク構想」

兵庫県阪神北県民局と8市町の取り組み

「阪神アグリパーク構想」とは

大阪市と神戸市の二つの大都市に隣接し、早くから都市化が進展したわが国有数の都市地域で、兵庫県と8つの市町（尼崎市、西宮市、芦屋市、伊丹市、宝塚市、川西市、三田市、猪名川町）が一体となって「阪神アグリパーク構想」というインパクトのある事業に取り組んでいます。一見すると「農業公園でも作るのかな」と思われがちですが、都市農業の振興をめざした注目すべき取り組みです。

「阪神アグリパーク構想」とは、「阪神地域の多様な「農」と「食」に関わる活動拠点をアトラクションとして、地域全体をテーマパークと見立てて、県民と食関連事業者、農業者が連携して事業を実施し、消費者や観光客の視点を意識しながら都市・都市近郊農業の魅力アップを図るもの」です。すでに、2015年度から多彩な事業が実施されています。

8つのキーワードから都市農業の多面的機能・役割を引き出す

「構想」の注目すべき点はいくつかありますが、特筆すべきは阪神地域の都市農業の多様な機能･役割を余すところなく発揮させようとしていることです。そのため、①知る、②味わう、③触れる、④創る、⑤結ぶ、⑥支える、⑦儲ける、⑧誇るという8つのキーワードから農業者のみならず都市住民、食関連業者みんなが都市農業の多様な機能・役割を見つけ、活かし、楽しみながら自分の暮らしや仕事、産業、そして社会がよりよくなることをめざしています（図参照）。そこには、都市農業の機能・役割を理屈や観念ではなく私たちの五感から感じ取り、楽しみながら都市農業を振興していこうというしなやかな発想があります。なかなか、粋な取り組みです。

丸ごと活かすために10のプロジェクトを推進

「構想」では、都市農業の機能・役割を丸ごと発揮させるために10のプロジェクトを展開しています。注目すべきプロジェクトの概要を2、3紹介しておきましょう。

その一つは、「阪神アグリな100発信プロジェクト」です。これは、阪神地域の農や食に関する人（農家、加工・流通業者、シェフ、パティシエ、栄養士等）、モノ、場所を選定し、広く発信するものです。要は、阪神地域にある農と食に関わる魅力的なヒト･

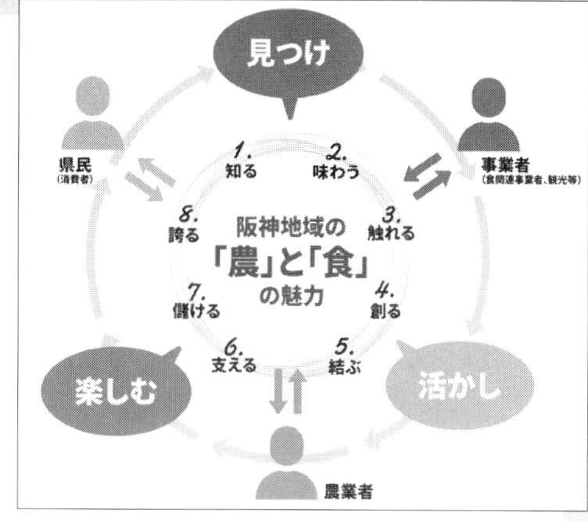

出所：阪神アグリパークウェブサイトより。
https://hanshin-agripark.com/about/

モノ・スポットをITなども活用して一人でも多くの県民に知ってもらおうとする取り組みです。

2番目は、「阪神産農産物直売所拡充プロジェクト」と「阪神ファーマーズまちなかマルシェプロジェクト」です。近年、都市農家の側から手軽に出荷・販売できる場がほしい、自分が納得できる価格を付けて売りたい、消費者の顔が見える場や機会を増やしたいといった声が広がっています。他方、都市住民の間では、農産物の作り手や作り方がわかる直売所をもっと増やしてほしい、地元の旬の農産物を手に入れる場を整備してほしいという要望が高まっています。上記プロジェクトは、こうした生産者、消費者の声を踏まえ、JA やスーパー等と連携し、直売所の設置を促進するとともに、まちなかに適時小さな農産物の売り場を開設する「マルシェ開設支援制度」の創設等に取り組んでいます。

3番目は、「阪神アグリ街道周遊プロジェクト」です。これは、阪神地域に分布する農と食の魅力スポットをつなぎ、巡り、楽しめるコースを「阪神アグリ街道」として設定し、県民が気軽に農や食にふれ合える機会を提供するものです。そのため、モデルコースの作成、モニターツアーの企画･催行、「ツアー支援制度」の創設等を実施しています。農や食を観光資源としても活かしきろうとする試みです。

各市町村を結びつけ、阪神地域全体の都市農業を振興するシステムをつくる

上記のように阪神地域では都市農業の多様な役割・機能を活かす取り組みを展開していますが、これは個々バラバラではできないことです。地方公共団体間の連携が不可欠です。

阪神北県民局は、管内の市町に呼びかけ「都市農業推進委員会」を立ち上げ、2010年に「都市農業推進方針」を策定しています。この「推進方針」で、都市農業の現状を踏まえながら、今後①技術集約型農業の展開、②地産地消型農業の展開、③市民参画型農業の展開等に取り組むことを定めています。これが、大きな力になっています。県や市町がバラバラな対応でなく、一体となって阪神間の都市農業を守り、発展させていく体制が創られています。このように、広域行政で都市農業振興の基本方向と方策を策定し、それを関係自治体が共有し、実行していくことは注目に値します。（橋本卓爾）

File13
顔の見える関係を大切にして都市の生産者を応援
生活協同組合おおさかパルコープ

組合員の食を支えるために

生活協同組合おおさかパルコープ（以下、おおさかパルコープ）は、1990年、大阪かわち市民生協、大阪みなみ市民生協、大阪しろきた生協が組織合同して誕生しました。生協の使命は、組合員の暮らしを支えるために必要とされる商品を供給することですが、とりわけ食の分野では、安全・安心の考え方を大切にし、産直事業に代表されるように産地・生産者とのコミュニケーションをはかりながら事業を進めるところに特徴があります。

おおさかパルコープでは、店舗を「（お客さんへの）売り場」ではなく「（組合員の）買い場」と呼び、店頭の野菜が、なぜ値段が高いのか、なぜ色つやが悪いのかなどを示す「デメリット表示」を行うなど、「正直、誠実」の姿勢を重視しています。宅配では、組合員に商品の価値を伝え、組合員の声を聴き、それを事業に活かしていくために、業者への委託を廃止して専従職員による配送に切り替えつつあります。また、支所の担当職員が組合員や生産者とコミュニケーションをはかりながら、商品開発や支所独自の企画を行うなど、職員のやりがいを尊重した、単なるモノの配送に終わらせない工夫が施されています。

大阪で作られた農産物の価値を伝える

おおさかパルコープでは、北海道から鹿児島まで農畜産物の産直事業を展開していますが、地元の大阪府内で作られた農産物も取り扱い、地産地消を積極的に進めることで都市農業を応援しています。以下、2つの事例を紹介します。

（1）よろしい茸工房（大阪市西成区）

2016年10月、A型の就労支援施設を運営するNPO法人が母体となって、広葉樹やオガクズを利用した菌床による椎茸栽培の取り組みがスタートしました。「大阪のド真ん中だからこそできることがある！」をモットーに、輸送時の荷傷みがほとんどなく、朝採れの新鮮な椎茸をその日のうちに販売できるといった、生産者と市場・消費者との距離が短いという都市農業の利点を活用しながら、農業経営・農産物販売が展開されています。

おおさかパルコープとのつながりは、2022年9月、店舗部門の農産担当職員が、府が認定する「大阪産（もん）」のイベントに出向き、椎茸を試食しておいしさを実感し、農地もほとんどない大阪・西成の地で奮闘する生産者の思いを組合員にも伝えたい、という気持ちに駆られたことでした。同年 11 月より、大阪市内の店舗で取り扱いが始まり、コロナ禍の影響で行われていなかった生産者による対面販売も実施されました。また、生協の職員自らが工房を訪れて生産現場を見学し、就労者との交流を行いました。

コロナ禍で販売先の飲食店が休業し、大規模な生産施設ではないことから大手のスーパーマーケットには対応できない状況の中で、代表の豊田みどりさんは、組合員の「買い場」として消費者に生産物の価値を伝えようとする生協の姿勢に感謝し、対面販売において組合員の生の声や反応を聴き地域活動委員の方々が熱心に協力してくれる生協の取り組みには大いに励まされた、と述べておられます。

（2）畑中農園（大阪府八尾市）

大阪市に隣接する八尾市·恩智地区で、畑中善幸さんを中心に、父と母、息子夫婦で、若ごぼう（9 月下旬作付け、2 月～ 4 月中旬出荷）、えだまめ（5 月末作付け、7 月中旬～ 8 月出荷）、青ネギ（周年栽培）、それぞれ 70 a を市街化調整区域内農地で栽培する専業農家です。曽祖父が先駆的に始めたという若ごぼうは、葉、茎、根のすべてを食べてシャキシャキとした食感を楽しむことができ、食物繊維、カルシウム、鉄分など栄養価も高いのが特徴です。えだまめは、旧大和川沿いの砂地の土壌と寒暖差を活かして栽培され、粒が大きくて栄養価が高く、旨みと甘みが豊富にあり、弾けるような食感が特徴です。

おおさかパルコープでは、店舗で若ごぼうやえだまめを扱ってきましたが、2022 年、八尾出身の支所長の提案もあり支所独自企画（宅配時の現物供給）としても取り扱われ、特にえだまめは、手作業で丁寧に選別するという畑中さんのこだわりから「八尾の枝付きえだまめ」として供給されます。職員による学習会、現地での収穫体験、主産地・外国産との食べ比べなど、ここでも生協職員が商品のよさを組合員に伝えるための交流が行われています。

地元ではよく知られている若ごぼうやえだまめですが、世間一般には十分に認知されず、おいしさをはじめとするよさが十分に伝わっていない状況があります。主産地どうしの価格競争が激しくなる中で、市場・消費地に近く鮮度を保ったまま販売できる利点を生かし、価格競争ではなく、鮮度など品質のよさを前面に出したいと畑中さんは、組合員・消費者との共感にねざした販売ができる生協の事業に、大いに期待を寄せています。（北川太一）

［参考文献］
青木美紗（2021）「地域の食を支えるために生協に何ができるのか」、『くらしと協同』第 36 号
北川太一「協同組合による共感と連携」、河村律子・中村均司・中村貴子・髙田晋史編著（2023）『共感の農村ツーリズム』（晃洋書房）

File14

都市農業の裾野を拡げる農業体験農園プロジェクト

JA 北河内・菜菜（なな）いろファーム天野が原農園

「菜菜いろファーム天野が原農園」（以下、「菜菜いろファーム」）は、2022 年に大阪府北河内地域の 5 市（枚方市・交野市・寝屋川市・門真市・守口市）を管内にもつ JA 北河内が開設した農業体験農園です。交野市天野が原町の住宅に囲まれた 1,080㎡の農地を「都市農地の貸借の円滑化に関する法律」に基づき、所有農家から借りて運営しています。個人区画（30 区画）と共同区画、給水設備、農具庫、ビニールハウス、堆肥置場、日除け、駐輪場が完備されています。

農業体験農園は、貸し農園や観光農園とは異なり、管理者（本事例では JA 北河内）の指導のもと、利用者が約 1 年間にわたり一連の農作業を体験するものです。栽培品目やスケジュール、農園内での約束事の決定、農作業に必要な機械や器具、苗や肥料などの使用資材の準備はすべて JA 北河内が行います。参加者は、手ぶらで農園に来て、野菜の育て方や農具の使い方を学び、土と親しみ、収穫した野菜を持ち帰ることができる仕組みです。

「農がつなぐ健康で楽しいくらし」

菜菜いろファームは「農がつなぐ健康で楽しいくらし」をコンセプトとし、以下の 4 つの特徴があります。1 つめは「生態系の力を活用した生物多様性による農業（アグロエコロジー）の実践」です。基本的に化学農薬は使用せず有機質肥料で土づくりを行い、農園内循環をめざしています。2 つめは「作物を育て、食し、楽しむことで心身の健康を養うこと」です。自産自消・旬産旬消による、健康の維持、生きがいある楽しいくらしやレジャー的に農業と親しむ機会を提供します。3 つめは「人と人とのふれあい・連帯・協働の場の提供」です。家族や友人、利用者間の触れ合い、交流イベントを楽しむ場となります。4つめは「農業の多面的機能に対する理解の促進」です。食料自給率の向上、ヒートアイランド現象や都市型洪水の防止など、環境保全に貢献する農業への理解を促します。

開設1年めは個人区画で、春から夏にトマト、ナス、キュウリ、オクラは全員必修、シシトウ、ピーマン、ルッコラ、パセリから2品目選択、秋から冬にダイコン、ブロッコリー、リーフレタス、ホウレンソウは全員必修、カブ、ミズナ、コマツナ、ニンジンから2品目選択、共同区画でサツマイモ、九条ネギ、ジャガイモを栽培しました。また、「発酵食品（漬物）講習会」、サツマイモつるのリースづくり、マリーゴールドで草木染も開催しました。

初年度終了時の参加者アンケートでは「楽しくて仕方がない」、「心身とも、元気になり心の糧となる」、「農具や施設はいつも快適だった」、「講習があり勉強になる」、「きめ細やかな運営、ご指導をいただきとても有意義な時間を過ごせた」、「ものの見方や見え方が変わり、生活を楽しんでいる」、「人と人とのつながりを感じるすばらしい取り組み」、「菜菜いろファームを皮切りに一般市民が加わって農地が維持されることを期待する」など好評を得ており、2年めも継続した人は18名もいました。

1年めの秋から参加した中村直美さんは、「コロナで外出自粛の期間に、庭で野菜（トマト、キュウリ、ゴーヤ）を植えたがうまく育たなかった。自宅から歩いてすぐのところにこのような体験農園ができて、とても嬉しい。昨年、友達が経験したという夏野菜地獄を味わうのが楽しみです」と期待を膨らませていました。

都市農業の裾野を広げる

JA北河内では、体験農園の開設に向けて、先進地視察を行い、経営戦略室の職員を中心に賛同する職員を募ったところ、各支店から有志職員が集まり、14名で「Teamたがやし隊」を結成し、お揃いの色違いのツナギに身を包んで運営協力しています。

正組合員（運営者）は「農業体験の場を提供」、JA北河内（管理者）は「農園整備と運営」、准組合員や地域住民（利用者）は「農作物の栽培・収穫を楽しむ」という農業体験農園の仕組みは、多様な主体の農業参画を促し、地域の都市農業の裾野を広げ、農地の保全・地域農業振興をめざす三方よしのビジネスモデルとなっています。

今後、JA北河内はここで培った開園・運営のノウハウを正組合員に提供し、農業体験農園ビジネスを展開することによる都市農業の維持と活性化をめざしています。（中塚華奈）

Column ④　韓国の都市農業の現状

韓国の都市農業の歴史で欠かせないものが週末農場です。1992 年にソウルで始まった週末農場は、当時多くの人々からの脚光を浴びました。しかし、参加する人の食べ物の安全・安心に対する認識不足や公務員主導のやり方により、限界が浮上しました。都市農業が運動性をもち、都市を変える新たなグリーン運動、自給運動として始まったのは、2004 年の全国帰農運動本部の帰農実習の取り組みからでした。当時、帰農運動本部の都市農業運動は首都圏を中心として急速に広がっていました。

こうした状況の中、2009 年に京畿道光明市が韓国最初の都市農業支援条例である「光明市市民農業活性化及び支援に関する条例」を制定しました。以降、2021 年末までにソウル特別市をはじめとする 12 か所の広域自治体と全国 119 か所の市郡区自治体が都市農業支援条例を制定しています。2011 年には、国レベルで都市農業を育成するため、5 年ごとに「総合計画*」を樹立することを骨子とする「都市農業の育成及び支援に関する法律」を制定しています。2015 年には民間の都市農業団体が 4 月 11 日を「都市農業の日」と宣言し、2017 年からは法定記念日に指定されました。毎年、都市農業の日には国や自治体、民間団体が一緒に記念行事を行い、多くの人々が都市農業に参加するよう呼び掛けています。

都市農業に関する研究は国の研究機関である農村振興庁を中心として行われています。農村振興庁では 2012 年 5 月の都市農業法の施行を契機に都市農業研究チームを設け、環境造園、園芸治療、生活農業など都市農業に関する総合的な研究を行っています。都市農業の重要性が認められ、2015 年に都市農業研究チームは都市農業研究課へと昇格しました。

韓国の都市農業の現状を見ると、都市農業運動が始まった当時から 2019 年まで都市農業に参加する人は年々増加しつつありましたが、新型コロナウイルス感染症の影響で 2020 年からは畑の面積や参加者数などが減少しています。2021 年末現在、全国の都市農業畑数は 19 万 3,152 か所で面積は 1 万 129ha、参加者数は約 174 万人です。これは、コロナ禍の前の 2019 年に比べ面積で 23.4%、参加者数で 27.9%減少しています。

しかしコロナ局面が終わり、これから都市農業に参加する人が増える見込みです。

（鄭萬哲）

* 農林畜産食品部長官は 5 年ごとに「都市農業の育成及び支援に関する総合計画」を樹立しなければなりません。2018 年から 2022 年までの第 2 次都市農業育成 5 か年総合計画が終わり、現在は第 3 次総合計画の発表を目前にしています。

第8章 世界で広がりつつある都市農業

KEY WORDS

アメリカ合衆国

都市農業

ファーマーズマーケット

空き地利用

ローカルフード

この章で学ぶこと

都市農業は日本だけでなく、世界各地で営まれています。都市農業が営まれる理由は、自給的な農産物の供給からコミュニティの支援活動まで様々で、その形態も屋上で営まれるものから空き地を農園にしたものまで多様です。

本章ではアメリカおよび自動車都市デトロイトの都市農業の実践を事例として検討し、都市農業の意義や課題について明らかにしていきます。

1 世界で展開する都市農業

現代世界では、日本だけでなく、世界各地で都市農業が行われています。海外の都市農業は、国家の規模や地理的な位置にかかわらず、「グローバル・ノース」と呼ばれるいわゆる先進国から、「グローバル・サウス」と呼ばれるいわゆる発展途上国まで、様々な国で行われています。各地で行われている都市農業は、自給的な食料生産から販売用の農産物の栽培、そして地域コミュニティの構築や教育・リハビリなどを目的とするものまで多様です。本章は主にアメリカ合衆国の実践例を踏まえながら、海外で都市農業がどのように営まれており、それらにどのような課題があるかを論じていきます。

日常生活において農業との接点が少ない都市住民の多くにとって、都市農業は異質な空間・実践とみられがちです。しかし、人類史において食料の入手方法が移動型の狩猟採集から定着型の農耕へ変化した地域では、農業が長い年月をかけて営まれてきました。人々の生業や就業形態が大きく変化して都市人口が増えてきたのは産業革命以降であることを踏まえると、「農業が都市で行われている」ことは決して異質なことではありません。

後述するように、日本の各地の事例と同様に、都市農業は単に都市住民に食料を供給するというだけでなく、都市の緑地空間の維持や環境改善など、様々な役割を持っています。また、多くの場合、都市農業は国家がトップダウンで推進した政策の産物というよりも、住民や地域コミュニティを主体としたボトムアップで営まれています。かつて、人口が集中する都市で農業を営むことは「都市の発展を阻害するもの」と否定的にとらえる意見が多くありましたが、近年はその機能が大きく見直され、ニューヨークやロンドンなど多くの世界的な都市でも農業が営まれています。

2 世界各地における都市農業の動向

国連食糧農業機関（Food and Agriculture Organization、以下 FAO）は、世界の食料供給における都市農業の重要性について指摘しています。FAO は、都市および都市周辺農業（Urban and peri-urban agriculture　以下、都市農業）を「都市内部およびその周辺地域において、農業生産や関連の過程（土地変革、流通、マーケティング、リサイクルなど）を通して食料や他のアウトプットを生み出す実践」と定義し、それが都市の食料供給のレジリエンス（困難を乗り越えて回復する力）を築く根本的な戦略を提供するものとしています（FAO 2023）。

FAO は、1996 年時点で世界の８億人が都市農業に関与し、発展途上国において 2.6 億以上の都市居住世帯が作物生産に関与していると指摘しています（Taguchi and Santini 2019）。しかし、いわゆるグローバル・サウスにおいて、都市に住む人々の中には栄養失調や貧困に苦しみ、食料入手が不安定な人々も少なくありません。そのような状況において、都市農業は都市の食料供給のレジリエンスを築くだけでなく、貧困を減少して雇用を生み出し、栄養状況を改善し、都市空間の環境悪化を軽減します。都市農業は決して万能薬ではないにせよ、効果的な都市・地域計画と結びつくことで、都市地域の様々な人のニーズを満たすことが可能になるのです（WinklerPrins 2017）。

ヨーロッパ諸国や北アメリカなどの国々では、20 世紀後半から都市農業の重要性が見直されるようになってきました。ここでおさえておきたいのは、多くの都市において、都市農業は無の状態から誕生したのではなく、もともと長らく実践されていたものが一時的に放置もしくは廃止された後に、再び実践されるようになったということです。つまり、都市農業は決して新しい現象ではなく、むしろ復活した実践といえるでしょう。

3　アメリカ合衆国における都市農業の展開

次に、本章では筆者が専門とするアメリカ合衆国（以下、アメリカ）での実践について、詳しくみていきます。

現在は世界第一の経済大国となったアメリカは、もともと農業国として始まりました。独立後の第三代大統領トマス・ジェファーソンは、独立した自営農業者が民主社会を築いていくと考え、農業を中心とした国づくりをめざしていました。その後、第二次産業・第三次産業が発展するにつれて、人口は次第に都市に集中していくようになりますが、食料供給のために都市農業が展開しました。例えば、19 世紀半ば以降に多くの中国人労働者がアメリカに渡りましたが、大陸横断鉄道建設や鉱山採掘などでの雇用機会がなくなると、都市に移って近隣の地域で農業を行い、都市に青果物を提供する役割を担っていました（McClintock 2017）。

戦時下の農園

20 世紀に入り、第一次世界大戦に突入すると、多くの都市で「リバティーガーデン（解放農園）」と呼ばれる菜園が設けられ、住宅の裏庭や共有地で農産物が生産されることで、愛国主義の育成と食料不足の不安解消に大きく寄与しました。第一次世界大戦後のアメリカは長らく好景気に恵まれたものの、1929 年の大恐慌でその状況は一転しました。この頃には人口の半分以上が都市人口となっていましたが、大恐慌時には各地に「リリーフガーデン（救済農園）」が設けられ、多くの失業者に食料を供給し、雇用を生み出すことに貢献しました（Smithsonian n. d.）。世界恐慌を乗り越えた 1940 年代以降、第二次世界大戦後は再び各地で「リバティーガーデン」が設けられました。この時期の農園は「ビクトリーガーデン（勝利農園）」と呼ばれ、1944 年にはアメリカの農産物の約 4 割をビクトリーガーデンが供給したとされています（Bassett 1981）。大恐慌から経済の立て直しを図っていたニューディール政策を当時のフランクリン・ルーズベルト大統領が推し進めていたこの頃、大統領の妻であるエラノア・ルーズベルトがホワイトハウス（大統領官邸）に農園を設けて栽培を行っていたことがよく知られています。

20 世紀後半の変化

戦後の復興を遂げた 1950 年代以降、アメリカの都市農業は次第に減少していきました。女性の社会進出が進み、家庭での調理の負担を軽減することになるファストフードや冷凍食品の普及が進んだのもこの時期です。1960 年代にはヒッピー（反体制派）が農村地域での自給自足的な生活をめざした「バック・トゥ・ザ・ランド（土地に戻る）運動」を展開し、有機農業もそこで営まれるようになりましたが、都市農業は次第に縮小していきました。

経済のグローバル化が進展した20世紀後半、アメリカのアグリフードビジネス（農業・食品関連産業やそれを主とする企業）は多国籍に展開し、世界に大きな影響力をもつようになりました。その一方で、栄養価の低い食品の販売や清涼飲料水やファストフードの過度な消費などが影響して、アメリカ社会で肥満の問題が認識されるようになり、多国籍に展開するアグリフードビジネスは次第に批判されるようになりました。

アメリカ社会の食をめぐる課題を乗り越える目的で、1990年代以降、ローカルな地域での農業生産や、そこで生産された農産物の消費を推進する「ローカルフード運動（local food movement）」が展開されるようになりました。地元の新鮮な農産物を購入することができるファーマーズマーケットが増加するのもこの時期です。ローカルフード運動がアメリカで広まりを見せる過程で、都市農業も次第に注目を集めるようになりました。都市で野菜や果物が生産されたり畜産が行われたりすれば、それは都市での地産地消を必然的に促進することになるからです。遠く海外から輸入される農産物よりも、地元で生産される農産物が重視されるようになり、小規模な土地で菜園を営む人も増えてきました。

このような背景をきっかけに、アメリカの主要都市では次第に多様な都市農業の実践が見られるようになりました。その形態は、公有地や放置された空き地を開墾して農産物を生産するものから、屋上を整備して野菜や果実を生産したり家畜を育てたりするもの、さらには屋内で人工的に野菜生産を行うものまで様々です。Santo *et al.*（2016）は現在行われている都市農業の分類として、食用植物を植えた景観（edible landscape）、裏庭の菜園（backyard garden）、市民農園（community garden）、都市農場（urban farm）、学校の庭園（school garden）の５つを屋外での実践例として挙げ、加えて建造物と統合された農業として屋内農業（indoor farming）、屋上ビニールハウス（rooftop greenhouses）、屋上露地栽培（open-air rooftop）、垂直農業（vertical farming〔sky farming〕）、食用植物を植えた壁（edible walls）、アクアポニックス（野菜や果物や花など植物の養液栽培と淡水魚養殖を組み合わせた生産システム）を挙げています。一口に「都市農業」といっても、誰が生産活動を行うのか、販売農家か否か、また経営の

表1　もっとも一般的な都市農業の形態

タイプ	組織化	生産の場所	主な機能や志向	管理	労働力	市場との接点
住居	否	前庭、後庭	自宅消費用の生産、レクレーション、造園、時々余剰分を販売	個人もしくは世帯	居住者自身もしくは家族	少ない
区画型菜園	有	空き地、公園	食料生産、レクリエーション	市民農園プログラム、個人による区画管理	個人、市民農園メンバー	時々
ゲリラガーデニング	時々	植物、花壇	「食べられる景観」の創造、景観の規範の維持もしくは破壊	個人もしくは集団	個人もしくは集団	稀
集合体	有	空き地、公園	コミュニティ構築、食料生産	集団、多くは菜園管理者を伴う	集団のメンバー	時々
施設（例：学校、刑務所、病院）	有	庭もしくは空き地、ビニールハウス	教育、リハビリ、技術訓練	組織もしくは契約した団体	施設のメンバー（例：生徒、患者、クライアント、囚人）、スタッフ、ボランティア	時々
非営利組織	有	空き地、公園、ビニールハウス	食料安全保障、食の正義、教育（栄養、生物物理学）	非営利組織	スタッフ、ボランティア	頻繁
商業・営利組織	否	大きな区画、屋上、ビニールハウス、複数のクライアントの庭	食料生産（ファーマーズマーケットやCSAなどオルタナティブフードネットワークの市場）、食べられる景観、緑のインフラ	事業主もしくはマネージャー	従業員	常に

出所：McClintock (2014) をもとに筆者作成。二村（2020）を一部修正。

規模や施設および使用する土地・空間も、形態によって大きく異なります。

McClintock（2014）は都市農業がどのように実施されているかを、都市農業の種類、組織化の有無、生産の場所、農業の主要な機能や志向、管理主体、労働力、市場との関係性から7つの形態に沿って分類しています（**表1**）。そのなかには、趣味として自宅の裏庭で行われる家庭菜園から、収益を得るために大規模かつ多角的に展開する営利組織、さらには管理者が不在の土地を利用して不特定の個人や集団が勝手に栽培を行うゲリラガーデニングまで、多様な形態が含まれます。都市農業を考えるうえで、これらはそれぞれが個別に独立したものではなく、重複する場合もあります。ここで重要なのは、都市農業の全てが専業かつ最先端の技術を援用した集約的な実践であるわけでもなく、市民農園をはじめとした趣味の延長で行われているものでもない、ということです。

アメリカの都市農業は現在では各地で見られますが、その実践に対して再び注目が集まったのは20世紀後半に入ってからです。なかでも、アメリカ中西部のミシガン州デトロイトやクリーブランドなど、基幹産業が斜陽化して経済が停滞した都市で都市農業が多くみられるようになりました。ここでは、低所得の人々が多く住む地区で空き家や空き地が少しずつ増え、それらの土地を活かす形で都市農業を実践する人たちが増えてきたのです。

写真１　カリフォルニア州オークランドの住宅地で見られる都市農園
出所：2016 年、筆者撮影。

これらの都市における農業生産は、近隣の地域で生活する人や、非営利組織（NPO）が中心となって営まれるようになりました。広大な森林や放牧地が広がる農村地域で耕地を開墾するのとは異なり、都市では土地を全て掘り起こして農地とするのではなく、いくつもの菜園用区画を設けて、そこで様々な作物を作るようになりました(**写真１**)。都市農業では少量多品目が通常の流れで、菜園では多様な種類の農産物を見ることができます。栽培面積は全般的に小さく、ここで生産された農産物は、地元の人たちの食卓に提供されたり、ファーマーズマーケットなどの直売施設で販売されたりするものがほとんどで、大量生産や大型小売店への出荷など、全国の市場向けの出荷は意図されていません。

近年は技術革新が進み、都市の建物の屋上に苗床を設置して野菜や果物を生産するルーフトップ農場や、建物の中に幾層もの野菜工場を設けた垂直農業、水耕・養液栽培と淡水魚養殖を組み合わせたアクアポニックスなども行われています。一般的にアメリカの建物は日本のそれに比べて床面積が大きいため、苗床を設置する余裕もあることから、屋上を菜園として活用する例が増えています。ルーフトップ農場はよほど立地が悪い場合を除いて日光を十分得ることができ、気候条件に応じた作物の栽培が可能です。これに対して、垂直農業やアクアポニックスは栽培に必要な水やエネルギーが機械で管理できる一方で、日光が十分得られないためにエネルギー供給を外部に依存する必要があること、設備投資に多額の費用が必要であることなどから、その実践はまだ多くはありません。

4　自動車都市デトロイトにおける都市農業の進展

本節では、アメリカで都市農業が発展した例として知られるデトロイトの実践を踏まえながら、その特徴や課題について検討していきます。

「ビッグスリー」と呼ばれるアメリカの主要自動車メーカー3社（ゼネラルモーターズ、フォード、クライスラー）が立地するミシガン州のデトロイトは、20世紀中盤までアメリカ経済を牽引する工業都市で、最盛期は人口が200万人に達しました。しかし、アメリカの自動車産業が斜陽化するにつれて、デトロイトでは人口の減少が進み、現在は人口が60万人程度と最盛期の半分以下まで落ち込みました。

市町村などの行政単位を問わず、ある自治体において人口の半分以上がいなくなるということは、人々が住んでいた住宅や私有地の多くが放棄されることを意味します。かつて自動車産業で繁栄したデトロイトでは、何車線にも広がる自動車道路が伸びる市内を運転してまわると、人口が減少したことで生じた多くの空き地が広がっている光景を目にすることができます。このような空き地の一部が、地域住民によって農園へ転換されていくようになりました（二村 2015）。現在のデトロイトでは、条例により、空き地となっている隣接地を一定期間管理したら1区画あたり250ドルで購入できるようになり、廃墟の撤去と空き地の改善が進んでいきました。デトロイトの都市農業は、このような空き地の利用という文脈で実践が増えていったのです（**写真2**）。空き地を小規模な農園として活かすことは、ニューヨークなど他の都市でも同様にみられるようになった実践です。

都市の空き地を有効に活用できるという点で、デトロイトの都市農業は貴重な機会を生み出しています。単に自給用の農産物が増えるだけでなく、農作業にたずさわる人々の雇用の可能性、また作業を通した人々の新たなネットワークを生み出す可能性も有しています。他方で、都市の農業的な土地利用の大幅な拡大は、都市自体が発展するにつれて対立をもたらす危険性を持ちます。なぜなら、成長が進む都市ほど、農地よりも住宅地や商業地など様々な収益的な土地利用への転換が希求されるからです。したがって、都市農業はジェントリフィケーション（再開発にともなう都市の高級化）と表裏一体の関係にあるともいえます（二村 2020）。

アメリカの自動車産業が斜陽化しはじめた1950年代以降、デトロイトは長らく衰退の文脈で語られてきました。自動車産業の不振だけでなく、人種で隔離された住宅地が展開する都市で不正義に異議申し立てする暴動が発生し、白人が郊外へ移転していくなど、ネガティブなイメージがつきまとってきました。

写真２　ミシガン州デトロイトにおける都市農園
出所：2014年、筆者撮影。

数多のマイナスイメージで語られてきたデトロイトは、この十数年で転機を迎えています。2014年８月には、毎週月曜夜にデトロイト市内をサイクリングツアーする企画を成功させた男性とそのグループが自転車で市内を回る様子が、アップル社の看板商品であるiPadの新商品の宣伝に利用されました。１分間前後のCMには、デトロイトの都心部付近にみられる農園も農産物市場（Eastern Market）も登場します。3,000人以上の参加者を集めるこの企画からは、市民の力でデトロイトを再興していこうとする意気込みが伝わってきます。

2007年に市内からスーパーマーケットが消滅したことで、コミュニティの食料安全保障に危機感を抱いた人々の思いと共に、デトロイトでは広大な空き地の有効利用を画策して都市農業が発展してきました。今まで合衆国のどの都市も実施したことのないような規模で都市農業が展開し、低所得層をはじめ地域の困っている人たちを助けていくために農園が活かされていくことは、広い意味での都市再興へ向かって同じ方向をめざしているように感じられます。Colasanti and Hamm（2010）が指摘するように、デトロイトの空き地を有効活用して人口の３割が消費する量の野菜を市内で生産できるようになれば、コミュニティの食料安全保障のあり方も大きく変化してくるでしょう。

現在は空き地を転用する形で生まれた農業用地も増え、地域のNPOが中心になって展開する都市農園活動への参加者が増加して農業への関心も高まっているものの、本格的に農作業を担う人がどれだけ出てくるのかが大きな課題となっています。デトロイトの都市農業の発展に大きく貢献したNPO 組織は都市農業の啓蒙と教育を重要なテーマの一つとして挙げていますが、今後誰がどのようにその活動を担っていくのか、また人口減少が進む中でどのように活動を維持していくのか、検討すべき課題は山積しています。他方で、かつて製造業を中心として栄えた合衆国東部の人口減少傾向の都市のいくつかでは、デトロイトにおける都市農業の実践を都市開発のモデルとして導入したといわれており、アメリカの各地で都市農業が増加していくことが予想されています。

アメリカでは今後、様々な都市が都市農業をどのように導入し、誰がそれらを中長期的に持続していくのか、またその過程で生産者と消費者をむすぶファーマーズマーケットがどのような役割を担っていくのでしょうか。現地調査にもとづいた、さらなる研究の進展が期待されています。

（二村太郎）

引用・参考文献

二村太郎（2015）「人口減少下のデトロイトにおける都市農業とその課題」『同志社アメリカ研究』第 51 号、47-65 頁。

二村太郎（2020）「拡大するアメリカ合衆国の都市農業とその課題」『日本不動産学会誌』第 34巻第 1 号、32-37 頁。

Bassett, T.（1981）“Reaping on the margins: a century of community gardening in America.” *Landscape* 25（2）: pp. 1-8.

Colasanti, K. J. A. and Hamm, M. W.（2010）“Assessing the local food supply capacity of Detroit, Michigan.” *Journal of Agriculture, Food Systems, and Community Development* 1（2）: pp. 41–58.

Food and Agriculture Organization of the United Nations.（2023）“Urban and peri-urban Agriculture.” https://www.fao.org/urban-peri-urban-agriculture/en

McClintock, N.（2014）“Radical, reformist, and garden-variety neoliberal: coming to terms with urban agriculture's contradictions.” *Local Environment* 19（2）: pp. 147-171.

McClintock, N.（2017）“Preface.” In WinklerPrins, A. M. G. A. Ed. *Global Urban Agriculture*. Stylus/CABI, pp. xi-xvi.

Santo, R., Palmer, A., and Kim, B.（2016）“Vacant lots to vibrant lots: a review of the benefits and limitations of urban agriculture.” Johns Hopkins Center for a Livable Future, May 2016. https://clf.jhsph.edu/publications/vacant-lotsvibrant-plots-review-benefits-and-limitations-urbanagriculture

Smithsonian Libraries, n.p. “Gardening for the common good: Some gardens, however small, are created to serve a larger social purpose. ” Smithsonian Libraries and Archives. https://library.si.edu/exhibition/cultivating-americas-gardens/gardening-for-the-common-good

Taguchi, M. and Santini, G.（2019）“Urban agriculture in the Global North & South: a perspective from FAO”, Field Actions Science Reports [Online], Special Issue 20 | 2019. http://journals.openedition.org/factsreports/5610

WinklerPrins, Antoinette M. G. A. Ed.（2017）. *Global Urban Agriculture*. Wallingford, UK: CABI.

第3部

いのちとくらしを守る 都市農業の未来

世田谷区の都市農業
提供：ＪＡ世田谷目黒

第9章

コモンとCSAが築く絆と場所
― 都市農業の新しいかたち

KEY WORDS

社会的共通資本

コモン

CSA

協働

都市農業のコモン化

この章で学ぶこと

近年、「社会的共通資本」・コモンとしての都市農業が求められています。それは、都市住民の多くが、ますます深刻化する食料、環境、防災、福祉、教育、コミュニティ等の諸問題を打開するために、「みんなが、いつでも、いつまでも使える」都市農業の安定的継続を望んでいるからです。

本章では、都市農業が「社会的共通資本」・コモンになる道筋を考察します。大切なことであるという同意は得られても、実践に結びつけるにはなかなか難しいことでもあります。一緒に学び、考えましょう。

1 喫緊の課題：「社会的共通資本」・コモンの再生

「社会的共通資本」・コモンとは何か

わが国にはたくさんの経済学者がいますが、宇沢弘文はその中で最もノーベル経済学賞に近い学者と言われた人です。宇沢は多くの業績をあげていますが、とくに「社会的共通資本」に関する論究は傾聴に値します。氏は「社会的共通資本」を以下のように定義しています。

> 一つの国ないし特定の地域に住むすべての人々が、ゆたかな経済生活を営み、すぐれた文化を展開し、人間的に魅力ある社会を持続的、安定的に維持することを可能にするような社会的装置」「一人一人の人間的尊厳を守り、魂の自立を支え、市民の基本的権利を最大限に維持するために、不可欠な役割を果たすもの（宇沢 2000）

このように宇沢は、「社会的共通資本」を人間が豊かに、文化的に、尊厳をもって生きていくための不可欠な社会的装置として捉えています。

他方、最近コモンという言葉を目にすることも増えたのではないでしょうか。コモンについて内田樹は次のように述べています。

> コモン（commoon）というのは、形容詞としては「共通の、協働の、公共の、ふつうの、ありふれた」という意味ですけど、名詞としては「町や村の共有地、公有地、囲いのない草地や荒地」のことです。昔はヨーロッパでも、日本でも、村落共同体はそういう「共有地」を持っていました。それを村人たちは共同で管理した。草原で牧畜したり、杜の果樹やキノコを採取したり、湖や川で魚を採ったりしたのです。ですから、コモンの管理のためには、「みんなが、いつでも、いつまでも使えるように」という気配りが必要になります。コモンの価値というのは、そこが生み出すものの市場価値の算術的相和には尽くされません。（中略）「みんなが、いつでも、いつまでも使えるように」とい

う気配りができる主体を立ち上げること、それ自体のうちにコモンの価値があったのだと思います（内田 2020）

また、斎藤幸平は宇沢の「社会的共通資本」とコモンは同じ発想のものとしつつ、一連の著作においてコモンを「社会的に人々に共有され、管理されるべき富」と定義し、「市場原理主義のように、あらゆるものを商品化するのでもなく、かといって、ソ連型社会主義のようにあらゆるものの国有化を目指すのでもない。第三の道としての〈コモン〉は、水や電力、住居、医療、教育などといったものを公共財として、自分たちで民主主義的に管理することを目指す、大地＝地球を〈コモン〉として持続可能に管理することで初めて平等で持続可能な脱成長型経済が実現する」と述べています（斎藤 2020、141～2頁）。

つまり、「社会的共通資本」とコモンは私たちのいのちとくらしにとって必要不可欠なものであり、かつ、「みんなが、いつでも、いつまでも使える公共財」のことを指します。

コモンの再生が大切なテーマになっている

経済発展に伴い、私たちは豊かで便利な生活を送るようになりました。しかし、その反面で失ったものも少なくありません。たとえば、「社会的共通資本」やコモンの消失です。私たちの身近にあった「みんなが、いつでも、いつまでも使える公共財」が姿を消しています。

現在、「今だけ、金だけ、自分だけ」という風潮が広がり、経済効率や競争を最優先する動きが強まっています。経済的・社会的弱者が放置され、貧困・経済格差が拡大しています。「無縁社会」と呼ばれるように人と人とのつながりや共同体（コミュニティ）の崩壊が進んでいます。さらに、人間の経済活動を要因とする環境破壊や気候変動も深刻です。

こうしたなかで、改めてコモンに対する関心が高まっているのです。コモン再生のための研究も深まりつつあります。

経済学の授業で「コモンズの悲劇」を学んだ人もいるでしょう。共有資源の管理がうまくいかないと、資源が過剰に使われ回復できなくなる現象を指します。米国の生物学者ギャレット・ハーディンは「コモンズの悲劇」の解決策として、完全なる国有化か、完全なる私有化しかないと結論づけました（Hardin, G. 1968）。それに対し、米国の法学者キャロル・ローズは、1986年に発表した論文「コモンズの喜劇」で、コミュニティ（地域社会）による共同的で自治的な持続的自己管理が「第三の道」として有効であると説きました（Rose, C. 1986）。

2009年に女性で初めてノーベル経済学賞を受賞した米国の政治経済学者エリノア・オストロムは、この論考をさらに深めたコモンズの実証研究の中で、コミュニティによる自己管理の有効性を明らかにし、共有地の自治管理がうまく機能する条件として、次の８つをあげています（Ostrom, E. 1990）。①コモンズの境界の明確化、②地域的条件と調和したコモンズの利用と維持管理のルール、③集団の決定への構成員の参加、④ルール遵守の監視、⑤違反へのペナルティの段階実施、⑥紛争解決のメカニズムの存在、⑦組織化権限の承認、⑧上記条件が諸活動のなかで多様に機能していることです。これらの要件は、どのようなコミュニティでも自然に形成されることはなく、地域の自然資源管理において、その価値を見いだし、持続的な自然の恵みの享受を求める地域住民の強い意志が不可欠なのです。

私たちのいのちやくらしにとって必要不可欠だとわかっているのに、破壊され、縮小・後退し、さらには消滅しつつある「社会的共通資本」やコモン。水や森林、田んぼや畑、地下資源も含め、地球が私たちにもたらしてくれるものをコモンとして、みんなで管理するシステムの構築が求められています。

2 「社会的共通資本」・コモンとしての都市農業

農業は「社会的共通資本」である

宇沢は、農業・農村をとりわけ重要な「社会的共通資本」の一つであると指摘しています。その根拠として、①農業は一つの産業、経済的範疇としてのみ捉えるのではなく広く農の営みとして人類の歴史、人間本来のあり方と深く関わっている、②農業は人間の生存に不可欠な食料や衣・住の基礎的原材料を供給するかけがえのない存在である、③農の営みは自然環境の保全、社会全体の安定、文化の創造等の計り知れない役割・機能を果たしていると述べています。農業・農村（農の営み）の存在価値を人類の歴史やいのちとくらしに関連づけて、根源から探求した注目すべき見解です。

また、斎藤はアメリカ・デトロイト市における都市農業の創造と市民による管理をコモン再生の現代的モデルとして高く評価しています（斎藤 2020、293-5 頁）。この部分は、本書第 2 部第 8 章で詳しく展開されています。

これまでの諸章において私たちは都市農業の果たしている多面的な役割・機能に言及してきました。また、各地で農業者のみならず多くの都市農業関係者の努力によってこうした役割・機能が発揮されている事例も紹介してきました。改めて、都市農業の存在意義や価値について論究し、共有していくことが求められているのです。

都市農業のコモン化

いまや、都市農業は都市住民にとってのコモンとしての位置づけを確立しつつあります。一連の法改正によって農地は一種の公共財として、都市計画の中に正式に位置づけられるようになりました。

たとえば、東京都では「都市と共存し、都民生活に貢献する力強い東京農業」をスローガンに掲げ、東京農業振興プランを策定しています。2040 年代のめざすべき東京の都市の姿とその実現にむけた「都市づくりのグランドデザイン」において、「産業の一翼を担い活力を生み出す都市農業を育成する」ことを政策方針の一つとして掲げています。

大阪府も「府民とともに未来へつむぐ豊かな「農」」をスローガンとし、2022 年度からは、「新たなおおさか農政アクションプラン」として、2025 年に開催される大阪・関西万博に向けて、大阪農業のさらなる成長を図るとともに、次代に良好な農空間を引き継ぐため、「力強い大阪農業の実現」「豊かな食や農に接する機会の充実」「農業・農空間を活かした新たな価値創造」という 3 つの方向性を示しました。

表1は、「都市農業振興基本法」の第10条で規定された地方公共団体による「都市農業振興基本計画」（地方計画）において各地方自治体が明記している都市農業のスローガンです。地方計画すべてを網羅したものではありませんが、注目すべき共通点があります。

表1　地方公共団体の「地方計画」に提示された都市農業のスローガン（順不同）

都府県市名	都市農業のスローガン（将来像やあるべき姿）
東京都	都市と共存し、都民生活に貢献する力強い東京農業
千葉県	力強く、未来につなぐ千葉の農林水産業
大阪府	府民とともに未来へつむぐ豊かな「農」
神奈川県	農業の活性化による地産地消の推進 ― 医食農同源による県民の健康増進 ―
埼玉県	地域と調和した都市農業の振興
愛知県	都市と農の共生と発展
京都府	農が育む多面的機能と都市との共生社会の実現
兵庫県	地域住民と共生する都市農業の振興
滋賀県	県民みんなで創る滋賀の「食と農」を通じた「幸せ」
横浜市	活力ある都市農業を未来へ
藤沢市	守り、育み、次世代につなぐ、魅力ある都市農業
平塚市	都市近郊の立地をいかした都市農業の活性化
市川市	活力と笑顔あふれる力強いいちかわ農業へ―魅力ある都市農業を目指して―
船橋市	市民に愛され、元気と魅力にあふれた都市農業ふなばし
松戸市	次代につなぐ、人、まち、農業
厚木市	持続可能な都市農業の振興に向けて
宇都宮市	担い手いきいき！消費者にっこり！地域と築く「農業王国うつのみや」
川越市	「多様な主体の協働により育まれる、にぎわいに満ち、活力ある川越農業」の実現へ
川口市	農が誇れるまち川口　農による魅力ある豊かな暮らしの実現
和光市	未来へつなぐ農あるくらし
朝霞市	市民に身近なあさか都市農業の確立
町田市	「市民と農をつなぐ」魅力ある町田農業の推進
東大和市	市民の健康づくりに貢献する東大和農業
世田谷区	農と住が調和した魅力あふれる世田谷農業
杉並区	多面的な機能を有する都市農業の保全
静岡市	農業者と地域住民が支えあう元気な「しずおか都市農業」
名古屋市	「農」のある暮らし、街とともにある農業
北名古屋市	水土里ゆたかで誰もが安全に安心して暮らせる北名古屋市
大阪市	府民とともに未来へつむぐ 豊かな「農」
神戸市	都市住民の参加、都市近郊農業の振興、都市農地の保全（神戸 里山・農村地域活性化ビジョン）
西宮市	農と寄り添い、農とともに暮らす都市（まち）
伊丹市	農業者、市民、関係事業者などをパートナーとし、みんなで伊丹の価値を高める「農」
北九州市	多様な担い手による持続可能な都市型農林水産業の実現

資料：地方公共団体の地方計画から一部抜粋して筆者作成。

それは、都市農業を市民のいのちやくらしになくてはならないもの、地域にとって大切なものとし、都市住民全体のものとして位置づけていることです。都市農業が、先に言及した「社会的共通資本」でありコモンとして認識されています。一方で、市民の共感をえるために、都市農業はコモン化しなければ維持・存続が困難であるという見方もあります。私は、こうした都市農業のおかれている状況を「都市農業のコモン化」と捉えたいと思います。

3　コモンの基盤・原動力としてのCSA

現在の都市農業と都市住民の関係は多種多様です（**図1**）。双方から「市民を農業・農村に迎える動き」と「市民が農業に参画する動き」が見られるようになりました。その背景には、都市農家側の農業継続における危機的状況の進行や都市住民側の食料安全保障やコミュニティの崩壊などがあげられます。

「つくる人vs食べる人」という対峙した関係ではなく、交流、共感をとおして、最終的に都市農家と都市住民が共に都市農業をコモンとしてとらえる市民協働の関係性をどうつくれるかが、今後の都市農業を持続発展させる鍵となるでしょう。

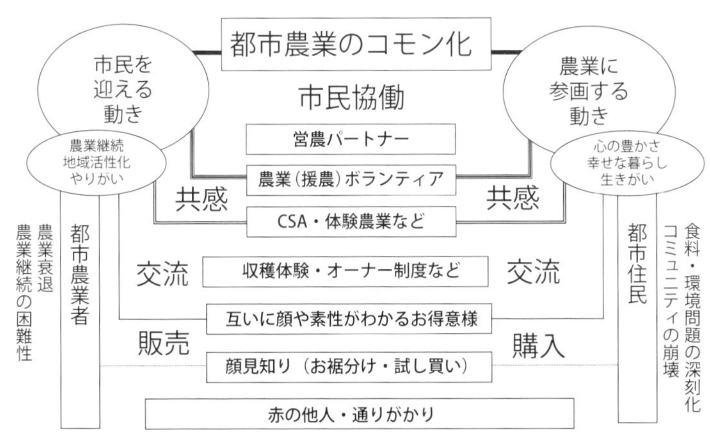

図1　都市農業者と都市住民の関係性深化による都市農業のコモン化

出所：筆者作成。

具体的に都市農家と都市住民との関係にはどのようなものがあるか、みていきましょう。

都市農家と都市住民との関係

①　全く面識がない「赤の他人」の関係

最も最下位に位置するのは、都市農家と都市住民との間に全く面識がない場合です。人は顔見知りになり、接する回数が多いほど相手に対して親しみを感じ、好印象をもちます。心理学では、このことを「ザイアンスの法則」もしくは「単純接触効果」とよびます。逆に、人は知らない人には警戒心を持ち、心を開くことができず、攻撃的・批判的になります。

都市農家と都市住民の間に全く面識がないと、都市農家側からは、相互に不満がつのります。①住宅が建ち日当たりが悪く、作物生育状況が悪い、②ゴミを農地に投げ捨てる人がいる、③農産物が盗まれる等です。都市住民側からは、①朝早くから農業機械音が騒がしい、②農薬や土ぼこり、肥料の臭いが気になる等です。顔見知りだと「お互い様」として笑ってすませられることでも、顔も名前も知らないと両者の間が険悪な事態に発展することがあります。同じ地域に住むうえで、最も望ましくない状況です。

もちろん、春の季節に赤紫色のレンゲの花や黄色い菜の花が一面に咲き誇る景色や田植え後の緑の苗が並んだ様子、稲刈り前の黄金の稲穂、畑の芽吹きやたわわに実る野菜を見たり、心地よい風を感じたりした時には、都市農家とは面識がなくても、都市農地とそこで育つ植物の存在に癒される都市住民は決して少なくないはずです。まずは、同じ地域に暮らす都市農家と都市住民が接する機会をつくることが大切です。

②　「つくる人」と「食べる人」として認識して支え合う関係

2つめは、都市農家は農産物を「つくる人」、都市住民はその農産物を「食べる人」として、お互いに顔見知りになる関係です。この関係がつくれると、都市住民にとって、都市農地が自分と無関係なものではなくなります。また、お互いの顔や素性を知ると、前述した苦情が減ったという事例はよく聞かれます。

いまや都市農家から地域住民に農産物を届けるルートは店舗販売だけではありません。宅配便や定期宅配、インターネット販売のように都市住民が自宅で受け取る仕組みのほか、収穫体験や大豆トラスト運動、棚田や農産物のオーナー制度、農業体験などをとりいれたグリーンツーリズム、都市住民が都市農家の田畑に出向いて受け取る仕組みなど、様々な流通チャネルで田畑から食卓まで農産物が届くようになりました。直接顔を合わせない場合でもSNSというツールを使って互いに認識することが可能です。

③　喜びもリスクも分かち合い、共に都市農地を守る関係

3つめは「共に都市農地を守る」という関係です。代表的なものはCSAです。「Community Supported Agriculture」の頭文字であり、「地域支援型農業」と訳されます。一方向性の支えではなく、「地域の生産者と消費者が農地をコモンズと捉え、コミュニティを形成し、生産に係るリスクを含めてそこから育まれる農産物や環境を分かち合い、お互いの暮らしや活動を支え合う農業」のことです。

CSAの大きな特徴は、農産物の年間購入契約時に参加者が前払いをすることです。これは農家の年間収入の安定につながり、天候不順による収量減少などのリスクは、CSA全員で分かち合います。

農地は、法律上は生産者の私有農地ですが、CSAの関係が成立すると、その農地の位置づけは生産者と消費者のコモンとなります。自然の前では、生産者も消費者も区別なく、大地の恵みを享受する仲間として、豊作を共に喜び不作を共に憂う関係となります。このように都市農地を共に守り、連携していく関係が深まるなかで、健全な地域共生社会の実現を可能にしてくれるのです。

④　共に都市農業を担う関係

4つめは、都市住民が都市農家と共に都市農業の経営の一端を担う関係です。都市農業は農家だけが経営するものであるという固定観念を拭い捨て、地域住民との協働という新たな形態があることを両者が認識し、歩み寄る必要があり

ます。

たとえば東京都内では、2019年時点で援農ボランティア事業の導入自治体は22区市、登録ボランティア数は1,616名、登録農家数は411戸にもなっています。2013年度には都全域を対象にした「広域援農ボランティア制度」もできています。

東京都では認定農業者が作成する農業経営改善計画書の雇用者欄に「ボランティア」の枠組みを設ける区市町村が少なくありません。農家の労働力補完という役割を超えて、農業者と共に経営を担う協働関係を築く人が大勢存在しており、パートナーになる援農ボランティアの存在ありきで経営拡大する都市農家もいるくらいです。

大阪府でも「農業マッチング制度」という仕組みがあり、「農業体験・ボランティアコース」、就農を志す研修生に独立就農に必要な技術等を指導する「研修コース」、農業者と福祉施設で請負契約を締結し、農作業の一部を福祉施設に委託する「ハートフルアグリコース」、副業を推進する企業の従業員と雇用・請負契約を締結する「副業コース」という4つのコースが設けられています。

堺市の「鉢ヶ峯営農組合」は「農業体験・ボランティアコース」の一つとして、「鉢ヶ峯農作業応援団」を随時募集しています。主な作業内容は、米、大豆、野菜、花などの種まき、収穫等の農作業全般、各種イベント応援で、2023年4月現在で25名が登録しています。作業日は基本的に土曜と日曜の午前中ですが、来れる人がいる場合は平日も受け入れています。農作業応援団に報酬はありませんが、都市農家の一助になれるやりがい、土や植物に触れることの心地よさ、ここに来れば誰かと一緒に農作業ができるコミュニティの存在、収穫物の現物支給などが参加のインセンティブとなっています。都市農家側にとっても、農業経営をするにあたり、農作業応援団はなくてはならない存在になっています。

4 世界に広がる都市農業のコモン化

都市農業の存在はわが国だけに見られるものではありません。2019年11月30日～12月1日に東京都練馬区で「世界都市農業サミットin練馬」が開催されました。韓国、英国、インドネシア、カナダ、アメリカ合衆国の5か国から都市農業関係者が参集し、各国における都市農業の概要や都市農業を活かした農産物生産と販売、コミュニティづくり、まちづくりについて活発な情報交換や議論が行われました。それらの一部をサミットの記録集から紹介します。

①　韓国・ソウル市

韓国のソウルでは、市民とともに日常生活に都市農業空間を広げる取り組みが行われています。学校給食に積極的に無農薬栽培の野菜や果物を出荷する生産者もいますが、都市農業の多くを担うのは、レジャーや教育を主な目的とした屋上や裏庭での園芸活動や郊外の市民活動です。5人以上の市民が集まって農地を確保すれば「都市農業共同体」として登録され、市から様々な支援が受けられます。2011年からすすめてきた都市農業振興政策によって、市内の都市農業空間は約7倍に拡大しました。毎年、都市農業EXPOを開催し、市民が都市農業に参加するきっかけを生み出しています。

②　イギリス・ロンドン市

イギリスのロンドンでは、2012年のロンドン・オリンピックまでに「2,012か所の農園を開設する」という目標を掲げ、2008年にコミュニティの農園設置を支援する「キャピタル・グロウス事業」が始まりました。その背景には、ロンドンでの住宅の価格高騰、不健康な食文化による子どもの肥満、不平等や格差による貧困層の拡大、人々の孤独感などの問題があります。現在、農園数は3,000を超え、3分の1は学校内にあります。

③　インドネシア・ジャカルタ市

インドネシアのジャカルタでは、急速な人口増加で食料需要が高まる一方、土地が転用され農地が大きく減少しました。都市化による地盤地下、自然破壊、気候変動や洪水の多発などを解決すべく、行政と市民の連携で「ガンヒジョウ（緑の路地）」という緑化活動に取り組んでいます。運営の中心は地域住民が担い、生活空間である路地の壁や柵などを有効活用してポット栽培や水耕栽培で野菜を栽培しています。州政府は専門的なコンサルティングや、種・栽培用ポットなどの提供を行っています。

④　カナダ・トロント市

市民の約半数が移民であるカナダのトロントでは、移民と地域をつなぐ役割を都市農業が担っています。ホームレスや薬物乱用が問題となっている先住民族の人たちのための薬草園のほか、地域医療センターや社会福祉機関と連携した農園、商業的農園など、様々な都市農業プロジェクトがあります。都市の再開発や人々の社会的結束、能力開発、雇用促進、精神的および身体的健康の改善、廃棄物削減、環境保護に貢献しています。

⑤　アメリカ・ニューヨーク市

アメリカのニューヨークでは、公有地の多くを都市農地にして様々な社会の課題解決に取り組んでいます。例えばグリーンサム事業はニューヨーク市公園局が行っているコミュニティ農園事業で、地域の人々が空き地を整備し、合計40haを超える農園を市内に600も開設し、2万人のボランティアが活動しています。そこで収穫された野菜や果物、卵や蜂蜜などを販売したり寄付したりして、住民に健康的な食料を提供しています。その他の取り組みを合わせると市内には2,000か所もの農園があります。

世界・都市農業サミット宣言

以上、都市農業サミットに参集した各都市では、背景や条件は異なりますが、都市農業が実践・創出されています。都市農業は農業生産のみならず、環境問題や貧困問題など、都市が包括する様々な社会問題の解決に貢献していることが明らかとなりました。サミットでは**図2**のような宣言が発表されました。

以上、都市農業を「社会的共通資本」・コモンとして再生することの必要性や近年の動向、都市農業者と都市住民の関係性を進化させることによる都市農業のコモン化、世界に広がる都市農業の実践とその意義についてみてきました。

世界都市農業サミット宣言

練馬区において開催された「世界都市農業サミット」において、都市農業を積極的に推進するジャカルタ、ロンドン、ニューヨーク、ソウル、トロントの参加５都市と練馬区は、都市農業に関する取り組みを相互に学び合い、情報共有を進め、活発な議論を行った。
私たちは、世界の人びとが農ある都市で暮らすことに誇りを持ち、持続可能で豊かな都市生活を送るために、以下に「都市農業」の意義と可能性を確認し、ここに宣言する。

１.「都市農業」は、いのちを育む
都市農業は、農産物の生産によって、都市に暮らす人間のいのちの糧を提供している。また、気候変動の緩和・適応のための重要な手段となりうる。それだけではなく、都市の持続可能性を高め、多くの生き物のいのちを育んでいる。

２.「都市農業」は、歴史と文化を育む
都市農業は、人と人とのつながり、そして、人と自然とのつながりを創り出す。そのつながりをもとに、都市の人びとは、歴史と文化を継承、創造し、発展させている。

３.「都市農業」は、公正で開かれた社会を育む
都市農業は、誰しもが等しく農に触れ、耕し、農の恵みを享受する場となりうる。それは、社会的課題を解決し、公正で開かれた社会を創り出す。

これからも私たちは、「都市農業」が持つ魅力や可能性を世界の人びとに発信していく。本サミットで培ったネットワークを活かし、相互に連携しながらその可能性を拓き、新たな取り組みを広げることで、「都市農業」の発展に貢献する。

2019年12月１日
世界都市農業サミット参加者一同

図２　世界都市農業サミット宣言
出所：練馬区（2020）『世界都市農業サミットin練馬記録集』より抜粋。

都市農業を「社会的共通資本」・コモンと位置づけて、都市農家が地域住民に門戸をあけることで、都市農家と地域住民の絆、さらに地域住民同士の絆も深まります。高齢化・後継者や担い手不足・農産物の価格低迷や経費増大などにより、家族だけでは営農継続を断念せざるをえなかった都市農家が、地域住民と知り合い、交流し、共感を得て、最終的には協働というかたちで都市農業の継続が可能となります。地域住民も、市民を迎えるスタンスをとる農家との出会いがあれば、土との触れあい、作物を育てて成長を愛しみ、収穫して食べること、人と人とのふれあいや連帯・協働の場、コミュニティに参画することを通して、生きがい、やりがい、楽しみなど心身の健康を得るチャンスとなるのです。

都市部にはたくさんの都市住民がいます。フードセキュリティを見据え、

CSA の概念に賛同し、生産者と共にグローカルな視点を有し、大地からの恵みを都市農家と分かち合い、共生関係をもつ都市住民の発掘・育成が求められるのではないでしょうか。都市の環境、防災、福祉、教育、食育、学校給食、コミュニティ等の様々な諸問題を打開するためには、都市農家と地域住民が交流・協働をすすめて絆を深め、都市農業の安定的継続・発展に資することが不可欠なのです。

（中塚華奈）

引用・参考文献

宇沢弘文（2000）『社会的共通資本』岩波新書、4 頁。
内田樹（2020）『コモンの再生』文藝春秋、3-4 頁。
斎藤幸平（2020）『人新世の「資本論」』集英社新書、141-2 頁。
練馬区（2020）「都市農業の魅力と可能性を世界に発信」、『世界都市農業サミット in 練馬記録集』。
Hardin, G.（1968）“The tragedy of commons,” *Science*, pp. 1243–8.
Ostrom, E.（1990）*Governing the Commons*, Cambridge Univ. Press, Ch 3.
Rose, C.（1986）“The Comedy of the Commons: Customs, Commerce and Inherently Public Property,” *Univ. Chicago Law Review*.

第10章
市民のいのち・くらしと食料

KEY WORDS

安全と安心

食品の購入場所

食品の選択基準

物理的距離

社会・心理的距離

この章で学ぶこと

食料は、私たちが生きていくために必要不可欠なものであると同時に、社会の基盤をなすものでもあります。食料について考えることは、社会のあり方を考えることにつながります。

食料を取り巻く様々な課題のなかから安全と安心をとりあげ、都市住民の食料選択について考えます。食料に関わる「人」の要素に注目することで、農業生産との社会・心理的距離が縮まります。こうした点において、都市農業の存在は大きな意味を持つのです。

人間が生きていくうえで食料は必要不可欠です。人はみな、毎日何回か食事をしています。食材を購入して調理する場合もあれば、外食することもあります。総菜や弁当などを購入して自宅で食べる中食（なかしょく）もあります。このように食事の形態は様々ですが、どの場合においても、食事の材料となる農産物があり、その農産物を作った生産者がいます。皆さんは食事をするときに、その農産物に、さらには生産者に、思いを馳せることがあるでしょうか。

この章では市民の目線から、食料がいかに私たちのいのちや暮らしに関わるのか、そして私たちは何を大切にすべきなのかを考えていきます。

1 「食料」とは何か

食料が必要不可欠だということは自明のことですが、改めて、食料とは何か、人間にとってどのような意味を持つのか、考えてみましょう。

筆者が立命館大学国際関係学部で担当している「開発と食料」の授業においては、最初に次の問いを学生に出します。「食料は○○だ、の○○を考えてください」。この問いに対しては、もちろん「必要不可欠」「最重要」といった回答がありますが、そのほかにも多くの回答が出てきます。それらを見てみましょう。

まず、「必要不可欠」や「最重要」との回答です。ここでは、人間が生物として生きていくうえで必要不可欠だとの認識が多いのですが、単に今の時間を生きるためだけではなく、命をつなぐといった時間軸でとらえた回答や、エネルギーの語を使って活力源ととらえる回答もあります。

次に、社会生活の基盤とみる見方があります。古代から富を表すもの、ビジネス、あるいは、「人類の公共財産」や「発展の基礎」との回答は、まさに人間社会の存在そのものの根幹に食料を捉えているといえるでしょう。

そして、この人間社会の根幹との見方をよい方向に進めると、楽しみや娯楽、さらには文化へと広がります。「生活する上での楽しみ」「料理は文化」との回答があるように、食事を交えてのコミュニケーションは社会の潤滑油となります。コロナ禍によって会食が制限されたことで社会がギクシャクしたのは身近な経験です。一方で、この見方を逆の方向に進めて、争いのもとであるとの回答があります。「古代から争いの種」「事件や論争の火種」などです。生きる上で必要不可欠であるからこそ、その確保のために他者との軋轢が生じます。

このように、私たちは「食料」の語に多様な意味を読み取ることができます。「食料とは何か」を考えることは、個人としての栄養摂取にとどまらず、他者とのかかわりや社会のありかたを考えることにつながるのです。

さて、筆者のこの授業では、同時にもう一つの質問をしています。それは「食料に関する課題や問題を挙げてください」というものです。みなさんも考えてみてください。どんな問題が考えられるでしょうか。

この授業を行っているのが国際関係学部であることもあって、飢餓や食料不足が最も多い回答です。とくに、途上国における飢餓や、人口増加にともなう食料不足を多くの学生が挙げています。2022 年現在、世界で約 8 億人の飢餓状態の人がいます。また、2022 年 11 月には世界人口が 80 億人を超えました。国連によると、15 年後の 2037 年には 90 億人、2058 年には 100 億人になると予想されています[(1)]。これだけの人口を養う食料を今後生産し、すべての人に分配することができるのでしょうか。これは世界的に大きな課題です。

ただ、こうした世界的な課題を自分事として考えるのはやや難しいと思います。そこで、より身近な課題としては、食品ロスの多さや自給率の低さなどが出てきます。日本での食料ロス（本来食べられるのに捨てられる食品）は、年間で 522 万トン（2020 年度推計）、1 人当たりにすると 41kg です[(2)]（農林水産省、2023)。1 人当たりのコメの年間消費量が約 53kg ですから、それに近い食品が捨てられているのです。また、日本の食料自給率はカロリーベースで 1998 年に 40% となって以来、38% ～ 41% と低迷しています[(3)]。自給率が低いと世界的な食料高騰の影響をまともに受けます。2022 年のロシアによるウクライナ侵攻などにより小麦をはじめとする食品国際価格が上昇しました。それは国内食品価格となってはね返ってきます。さらには国内供給量の不足を招くかもしれません。

さらに身近な課題として、食料の安全性を挙げる回答も見られます。自分が口にする食べ物を本当に信頼していいのかという疑問でしょう。遺伝子組み換え食品や食品添加物への不安も挙げられています。食料は毎日の生活のエネルギー源であり、直接摂取するもので体に影響するものであるから、安全な食品を食べたい、安心して食べたい、と誰しも思うのは当然です。

このように、食料をめぐる課題は世界的な広がりを持つものから個人の健康にかかわるものまで幅広く、また、それらが互いに関連性を持っています。ですから、食料について考えることはより広い世界に思いを馳せることにつながります。つまり、食料は単に食欲を満たすものではなく、政治・経済・社会・文化といった人間社会全体のなかに位置づけられるものであり、また、その課題が多岐にわたっているといえるのです。

2 安心・安全な食べ物は何を意味するか

食料をめぐる課題のなかで、もっとも身近な安全性についてより深く考えてみましょう。「安心・安全な食べ物」という表現をよく見ると思います。安心と安全が「・」で結ばれていますが、これはどのような意味を持つのでしょうか。わざわざ並べているからには、安心と安全は別のものであるということでしょうか。

「安全」は『広辞苑』では「①安らかで危険のないこと。平穏無事。②物事が損傷したり、危害を受けたりするおそれのないこと」となっています。②が食料の安全にあたると思われますが、わかりにくいです。むしろ、文部科学省の「安全・安心な社会の構築に資する科学技術政策に関する懇談会」報告書にある社会とのかかわりを中心に考えられた「安全とは、人とその共同体への損傷、ならびに人、組織、公共の所有物に損害がないと客観的に判断されることである。ここでいう所有物には無形のものも含む」のほうがわかりやすいと思います。ここでのキーワードは「客観的に判断される」です。また、安全の反対語は危険となります(4)。

同様に、「安心」も見てみましょう。『広辞苑』では「心配・不安がなくて、心が安らぐこと。また、安らかなこと」とあり、概念的な表現です。これも上記文科省の報告書では「個人の主観的な判断に大きく依存するもの」とあり、「人

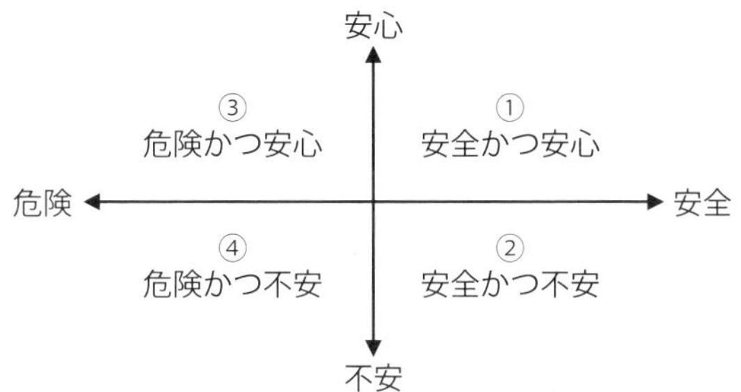

図1　安全と安心の関連概念図

出所：筆者作成

が知識・経験を通じて予測している状況と大きく異なる状況にならないと信じていること、自分が予想していないことは起きないと信じ何かあったとしても受容できると信じていること、といった見方が挙げられた」とあります。ここでのキーワードは「主観的な判断」と「信じる」です。つまり、安心は人がどう感じるかが問題なのです。そして安心の反対語は不安となります。

簡単にいえば､安全は客観的なもので「安全である､安全でない（危険である）」と記述されるもの､安心は主観的なもので「安心を感じる､安心を感じない（不安を感じる)」と記述されるものです。ただし、安全、安心とも、完全な安全や安心ばかりではありません。たとえば、私たちは無菌空間で生活しているのではなく、多かれ少なかれ細菌やウイルスが存在している空間にいます。ですから、感染症の危険性はゼロではありません。しかし、コロナ禍で私たちが経験してきたように、多くの人は感染せず、また感染しても重症化する危険性は低いとなったとき､マスクを外しても「安全」だとしたのです。このように「安全」は完全なものではありません。「安心」についても同様に考えることができることを理解してください。

では、この理解のうえで、安心と安全は無関係なのでしょうか。安全と安心の組み合わせには4個のカテゴリーが考えられます（**図1**)。つまり、安全かつ安心（①)、安全かつ不安（②)、危険かつ安心（③)、危険かつ不安（④)、です。理想的なのは、当然、安全かつ安心です。しかし、安全であっても不安を感じる場合がありますし、逆に、安全でなく危険なのに安心する場合もあり得ます。これはどのような場合でしょうか。

安全であるのに不安を感じるのは、(1) 安全であることを知らず危険であると思っている場合、(2) 安全か安全でないかわからない場合、(3) 安全であるとの情報を得ながらもその情報源に信頼を持てない場合、などが考えられます。残留農薬を例に考えてみてください。もちろん、農薬自体は人体に有毒なものが多いです。しかし、基準を守って農薬が散布された農産物の場合、残留農薬による危険性は基本的にはありません。このことを知らないのが1番目や2番目の場合です。また、この情報に触れていても、「農薬会社が宣伝のために言っている」と思えば不安になりますし、「農家が基準を守らなければ、いくら基準通りなら安全といっても意味がない」となります。これらは3番目の場合です。

では、安全でなく危険なのに安心するのは、どのような場合でしょうか。危険であるにもかかわらず安全であると誤った情報が出されていて、その情報源に対しての信頼があつい場合が考えられます。たとえば、ふぐ毒中毒があります。国内では年間10～20件の中毒が発生しており、死者もわずかですが出ています[(5)]。ふぐ毒は周知の事実で通常は専門の調理師免許を持つ資格者が調理にあたっており、店舗を通した飲食なら信頼がおけます。本来なら安全なはずですが、何らかのミスで危険部位が食された、つまり、安全だとの誤情報による事故といえます。なお、ふぐ毒事故の大半は釣り人や素人による家庭内での調理によるものです。これは危険であるとの知識がなく安全との誤情報が発信されたと考えることができます。また、食物アレルギーについては、アレルギー物質が含まれているかどうかの情報が非常に大切です。もしアレルギー物質が含まれているにもかかわらず、それが示されていなければ、アレルギー体質の人にとっては重大な身体症状を引き起こす可能性があります。

食料に関する情報が正確であること、つまり、安全なものは安全だと表現され、また、安全と表現されるものがすべて安全であること、これが成立してはじめて、安全と安心が一致します。重要なことは、食料に関する情報が容易に入手できることです。そうでないと、安全かどうかの判断ができません。食料の情報入手の点から、今の都市住民の食料事情を次に考えてみましょう。

3　都市住民の食料購入

都市住民は、どのようにして食料を入手しているのでしょうか。家庭内で調理する場合は主食のコメや副菜の材料である野菜や肉・魚などを購入します。近年は中食として、調理済みの総菜や弁当を購入し、家庭内や職場で食べることも多いですし、外食することもあります。中食や外食と区分するために、家庭内で調理しての食事は「内食（ないしょく・うちしょく）」とも言われます。

食品全体の市場規模でみると、2020年における64兆9,001億円の全体のうち、もっとも大きいのは内食の36兆8,801億円（56.8%）で、外食は18兆2,005億円（28.0%）、中食は9兆8,195億円（15.1%）です(6)。そこで、市場の半分以上を占める家庭内調理の材料の購入先を見てみましょう。

日本政策金融公庫による全国2,000人を対象にした消費者動向調査（2020年1月調査）によると、**図2**に示すように、食品の主な購入場所は、すべての品目において食品スーパーが最も多くなっています。この調査では主な購入場所を3か所まで選ぶ方法をとっています。コメについては回答者の47.3%が食品スーパー、26.6%が総合スーパーを選んでいます（重複選択あり）。野菜、果物、肉類、魚介類についてはこの率が高く、食品スーパーが72～75%、総合スーパーが37～39%です。八百屋や肉屋、魚屋といった、従来型の食品専門店はごくわずかで、コメ、野菜、果物、肉類、魚介類のいずれにおいても6%以下です(7)。

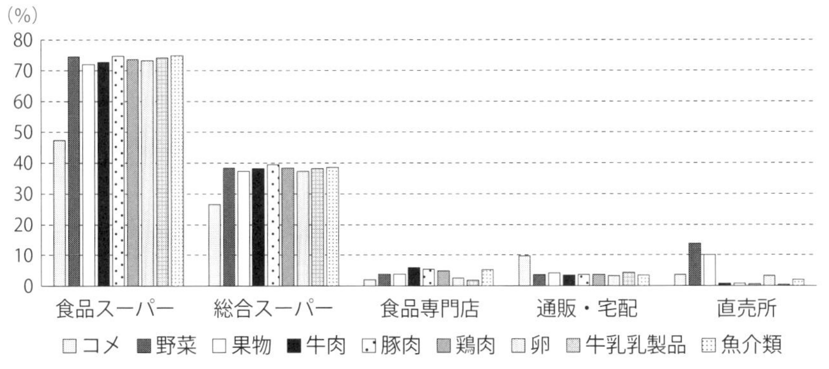

図2　食品の購入場所

資料：日本政策金融公庫 農林水産事業本部（2020）注（7）

スーパーマーケットは全国に2万3,028店舗あります。大阪府には1,537店舗です。このなかで最も多いのが食品スーパーマーケットで、全国に約12,680店舗、大阪府には809店舗があります[8]。大阪府の人口は約880万人ですから、大雑把に見て、5,000人に1軒のスーパーマーケットがあることになります。食品スーパーマーケット以外も総合スーパーセンターや小型食品スーパーマーケットなど、いずれも食品を扱うものです。一方、食品専門店を見ると、主に野菜や果物を扱う八百屋は店舗数は全国で1万5,000軒程度と多いものの小規模で、また、店舗数は減少傾向です。これらからも、消費者は食品購入をスーパーマーケットに依存していることがわかります。

では、消費者は食品を購入するときに、何を基準にしているのでしょうか。これも上記の消費者動向調査から見てみましょう。品目別に購入時の判断基準を、価格、味、安全性、鮮度、生産者情報などから3個まで選ぶ方法です。ただし品目によって基準は若干異なり、例えば、コメや卵は国内自給率がほぼ100%であることから国産の基準がありません。一方、コメや肉類には銘柄の基準があります。

図3に示されるように、9種類の品目のいずれも、価格が70%前後、つまり、回答者の70%が基準とする3個のうちの1個に価格を選んでいます。次に高いのが鮮度で、野菜、果物、魚介類では価格とほぼ同じ70%前後です。肉類と牛乳・乳製品は50%弱とやや低くなりますが、やはり鮮度を重視していることに変わりはありません。これに、国産であること、味、安全性が20%から30%で続いています。基準の選択肢には、生産者情報や国内産地、栽培方法、飼養管理などもあるのですが、それらはいずれも選択の5位までにはあがっていません。なお、コメにおいては国内産地が56.3%あります[7]。

たしかに、鮮度、味、安全性は、いずれも食品の質にかかわる要素であり、それが選択基準に選ばれるのは妥当ではありますが、生産者情報や栽培方法といった食品への「人」の関わりが上位に選ばれないのはなぜでしょうか。もしかすると、積極的に入手しようとしないとわかりにくい情報であるために、選択基準に選ばれないのかもしれません。結局、もっともわかりやすい指標である鮮度が質を代表する基準として選ばれていると考えられます。

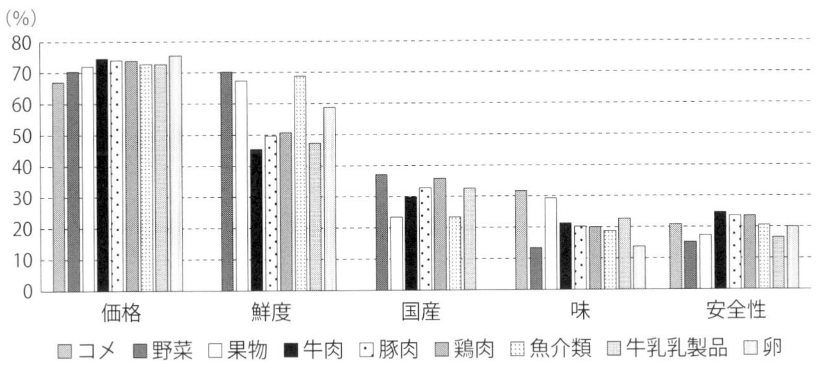

図3　食品購入時の選択基準

資料：日本政策金融公庫 農林水産事業本部（2020）　注（7）

しかし、食品に対する「人」の要素は、情報が入手しにくいとの理由だけで外してしまっていいのでしょうか。野菜であれ肉類であれ、人が自然界に働きかけて生産されたものです。だれが、どのように関わっているのかを知ることは、食品に対する感性を高め、食を大切にする態度につながります。つまりは、自分自身の命を大切にすることなのです。このように考えると、価格や鮮度がひときわ高く評価されていることは、食品が単に「もの」として、つまり、無機物としてとらえられているともいえるのです。

4　農産物を身近に感じるために

前の節で、食品はほとんどがスーパーマーケットで購入され、食品の選択基準から「人」の要素が欠けていることを述べました。この2つの点に共通することは、食品の生産者と消費者の距離が極めて遠いということです。ここで言う距離には、物理的な距離と社会的・心理的な距離の両側面があります。

まず、物理的な距離です。スーパーマーケットで売られている食品はどこで生産されたものでしょうか。もちろん、近郊の生産地のものもありますが、大半は他府県などの遠方から、さらには国外産のものも多くあります。日本の食料自給率は前述の通り40%を切っていますが、品目によって差があります。野菜は比較的自給率が高いのですが、それでもカロリーベースで75%です。畜産

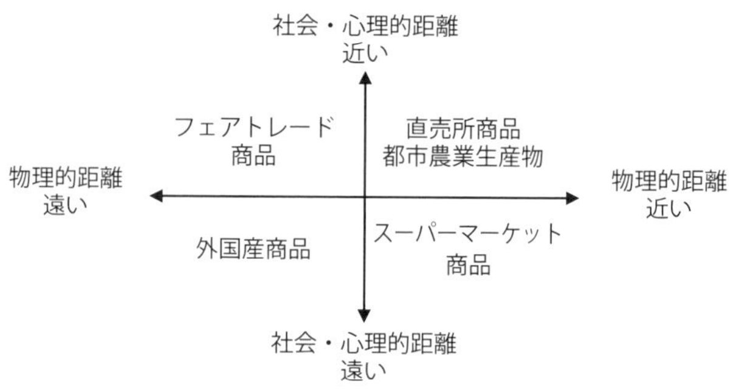

図 4　物理的距離と社会・心理的距離の関連概念図
出所：筆者作成。

物の場合は 64%、油脂類だとわずか 3% です。油脂、つまりサラダ油やゴマ油などは、原料の農産物の生産地がどこであるか、また、どこで製油がされているのかがわからず、いわば「生産過程の見えない食品」の代表格です。それに対して野菜は生産地が比較的近いものだといえますが、それでも 4 分の 1 は海外産ですから距離があります。物理的に距離があれば、輸送にかかるコストも高くなり、フードマイレージも大きく、それだけ環境への負荷も大きくなります。

社会的・心理的距離とは、生産現場に対しての一種の親近感です。コロナ禍においては「ソーシャル・ディスタンス」をとることが推奨されましたが、これは例えば食事をとる時やスーパーマーケットのレジに並ぶ時、つまり、社会空間における人と人の実際の間隔でした。一方、ここで言う社会的距離は、コロナ禍におけるソーシャル・ディスタンスとは異なり、人と人や社会と社会の感情的な距離を示しています。食品においては、生産の現場や生産者と消費者との心的な関係を表します。

では、物理的距離と社会的・心理的距離は、どのような関係があるのでしょうか。前の章で安全と安心の関係を見ましたが、ここでも同様の方法をとることができます（**図 4**）。つまり、物理的距離の遠近を一つの軸とし、社会的・心理的距離の遠近をもう一つの軸とした 4 個の象限があります。普通に考えると、この二つの距離は、相関が生じます。つまり、一方が近いともう一方も近く、遠い場合も同様でしょう。毎日顔を合わせる友人とは親しく、また、親しかった人も転居などで離れると次第に親しさも薄れます。しかし、遠方であっても連絡をとりあい、とくに今は情報ネットワークを使うことで身近に感じ続けることができます。また､隣人でも顔も知らない関係もあります。このように、この二つの軸は関連性をもちつつも、それと反する組み合わせも存在します。

ここに食品を当ててみましょう。前述の油脂類のような海外産物は、2 軸いずれも遠いところに位置するといえます。しかし、海外の産物であっても、親近感をもつ仕組みを提供するものがあります。フェアトレード商品がそれにあたります。フェアトレード商品は、商品の中間経費を削減することによって生産者に労働に見合った価格を提供することを趣旨としていますが、同時に、生産者情報を消費者に届けたり、また、消費者のニーズ情報を生産者に提供したりすることで、両者の社会的距離を短くしています。

では、この 2 軸いずれも近いところにあるのは何でしょうか。前述のように、スーパーマーケットで買い物をするとき、消費者が重視するのは価格と鮮度で、生産者とのつながりは希薄です。物理的距離は国産のものや近隣の作物なら近い場合もありますが、社会的･心理的距離は遠いままです。都市農業の生産物は、物理的距離は近いが、社会的・心理的距離はそれほど近くない位置となります。

都市農業の生産物は、この 2 軸のいずれも近いところに置くことができるはずです。生産地と消費地の物理的距離は近いですし、そこから生産者への親近感をもつことができるでしょう。しかし、実際には、生産地が近い場合も、その生産者の顔を見るわけではなく、まして親近感を持つには至らないと思います。なぜ、そうなるのでしょうか。

一つには、生産者の情報発信力が十分でないことです。生産者側からの発信がなければ、当然、消費者は情報を得ることができません。とはいえ、他の章にあるように、都市農業には情報発信に積極的な生産者が多くいます。都市農業生産物を販売している店舗でも、それを積極的に消費者に届けようと努力しています。

そうなると、本当に必要なのは、消費者の情報吸収力となります。ここで先に見た政策金融公庫の消費者動向調査の別の年の調査結果を見てみましょう(2023 年 1 月調査、回答者 2000 人)。農村や農業生産者との関わりについて、産地と生産者、それぞれへの関心度合いが質問されています。

まず、普段食べている農産物の産地への関心は、「とても関心がある」が22.3%、「やや関心がある」が49.7%で、合計72.0%の人が関心を持っています。これを年齢別にみると、20歳代の56.4%に対して、他の年齢層はいずれも60%を超えており、60歳代と70歳代は80%を超えています。若い人々にとって、農産物の産地は関心の対象外なのかもしれませんが、もっと関心を持つ余地があるといえます。

生産者への関心は、「とても関心がある」が9.7%、「やや関心がある」が37.7%で、合計47.4%の人が関心を持っているとなっており、約半数であるとはいえ、関心の度合いは産地に対してよりも低くなっています。農産物の「人」の要素に、無頓着とはいえないものの、気づきが薄い傾向が読み取れます(9)。

消費者として農産物を見る目に、もう少し産地や人の要素を加えてみていいのではないでしょうか。そのとき、とくに物理的距離の近い都市農業の生産物に対しては、容易に社会的・心理的距離を縮めることができるのです。なぜなら、すでに前の章で紹介されているように、多くの消費者からそれほど遠くないところに都市農業は多く立地しており、生産者たちは積極的に情報発信をしているからです。野菜直売所や農産物マルシェも多く設置されています。要は、情報の受け手の問題なのです。

物理的距離の近い農産物に対して、その産地や人や生産・流通過程を知ることによって社会的・心理的距離を縮めることができます。そしてそれは、食品に対しての安全と安心の両側面を得ることにもつながるのです。そのきっかけとして、都市農業に関心を持つことが、消費者に求められており、同時に、そのことによって消費者の食生活、ひいては生活そのものを豊かにすることができるのです。

食べ物は日々の生活になくてはならないものです。もちろん、栄養を摂取するという目的のためだけなら、その食品の生産過程など知らなくても生活には支障ありません。しかし、農産物の背景を知ったり、農業生産の現場に触れたりすることは、食べ物を大事にすることにつながります。さらには、食べ物から社会を見て、世界を見ることにもつながります。

筆者の担当していた3～4回生のゼミでは、京都府下の農村で日曜に開かれる朝市でコーヒーをふるまうカフェを開いていました。同時に、集落の祭りに参加したり、農業体験をしたりと、貴重な経験をしました。この経験をした学生たちは、社会人となった今も、食の現場と地域社会に触れたことを大切に思ってくれています。食関連の職業についている卒業生はもちろんですが、そうでない人も、人とのつながりの重要性、自分の身の回りのものに「人」を感じる感性、そして、社会へのぶれないまなざしを得て活躍しています。

遠い農村に足を運ぶことは無理でも、都市農業はとても近いところにあります。消費者に今求められることは、都市農業の存在を身近なものとして見直し、自分の生活のなかに取り入れることなのです。

（河村律子）

注

(1) United Nations (2023) "2022 Revision of World Population Prospects" https://population.un.org/wpp/ (最終閲覧日 2023 年 5 月 12 日)
(2) 農林水産省 (2023)「食品ロス及びリサイクルをめぐる情勢」https://www.maff.go.jp/j/shokusan/recycle/syoku_loss/attach/pdf/161227_4-25.pdf (最終閲覧日 2023 年 5 月 12 日)
(3) 農林水産省 (2022)「令和 3 年度食料自給率について」https://www.maff.go.jp/j/zyukyu/zikyu_ritu/attach/pdf/012-4.pdf (最終閲覧日 2023 年 5 月 12 日)
(4) 文部科学省 (2004)「安全・安心な社会の構築に資する科学技術政策に関する懇談会」報告書 https://www.mext.go.jp/component/a_menu/science/detail/__icsFiles/afieldfile/2013/03/25/1242077_001.pdf (最終閲覧日 2023 年 5 月 12 日)
(5) 厚生労働省 (2023) 食中毒統計資料 https://www.mhlw.go.jp/stf/seisakunitsuite/bunya/kenkou_iryou/shokuhin/syokuchu/04.html (最終閲覧日 2023 年 5 月 12 日)
(6) 日本惣菜協会 (2022)「2022 年版 総菜白書 ダイジェスト版」https://www.nsouzai-kyoukai.or.jp/wp-content/uploads/hpb-media/hakusho2022_digest.pdf
(7) 日本政策金融公庫 農林水産事業本部 (2020)「食品の購入基準に関する消費者動向調査結果（令和 2 年 1 月調査）」https://www.jfc.go.jp/n/findings/pdf/topics_200312a.pdf (最終閲覧日 2023 年 5 月 12 日)
(8) 全国スーパーマーケット協会 (2023)「2023 年版スーパーマーケット白書」http://www.super.or.jp/wp-content/uploads/2023/02/NSAJ-Supermarket-hakusho2023.pdf (最終閲覧日 2023 年 5 月 12 日)
(9) 日本政策金融公庫 農林水産事業本部 (2023)「消費者動向調査結果（令和 5 年 1 月）」https://www.jfc.go.jp/n/findings/pdf/topics_230315a.pdf (最終閲覧日 2023 年 5 月 12 日)

第11章

都市農地の保全と活用をめざして

KEY WORDS

都市農地制度

税制特例措置

生産緑地制度・特定生産緑地制度

都市農地貸借制度

都市農地の市民的利用

この章で学ぶこと

人口減少社会を迎え大都市政策のあり方が問われるなか、都市農業は新しい時代を迎えています。都市農業の安定的な継続、多様な機能の発揮を通じて良好な都市環境の形成に資するには、その基盤となる都市農地の保全・活用が欠かせません。

本章では、市民のいのちとくらしに役立つ都市農地の保全と活用をめざして、現行都市農地制度下における当面の基本方策と今後の課題について考えます。

1　都市農地の現況

本章では、都市のみどりや農のある風景の基盤となる農地（市街化区域内農地、以下、「都市農地」）に焦点をあて、都市農地の現況および税制特例措置の適用状況、その動向と市民的利用、現行都市農地制度下における当面の基本方策および今後の課題について述べることとします。

表1は、都市農業に関する指標（現況）です。それによると、都市農地は約6万haと全国農地の1.4％に過ぎませんが、農家戸数（経営体）でみると12.4％、販売金額（農業産出額）では6.7％のシェアです。このように、都市農業において、農地面積比に比べ農家戸数（経営体）や販売金額（農業産出額）のウエイトが高い理由は、野菜作を中心に「消費地のなかでの生産という条件を活かした農業が展開」されているからです（農林水産省『食料・農業・農村白書令和4年版』）。

都市農地の現況をもう少し詳しく見てみましょう。**表2**は、都市農地の区分別面積（2021年）です。それによると、全国約6万haの都市農地のうち、生産緑地が約2割、生産緑地以外が約8割の構成比です。また、三大都市圏特定市[1]（以下、「特定市」）およびそれ以外の地方都市（以下、「一般市町村」）別にみると、都市農地は特定市が3分の1強、一般市町村が3分の2弱を占めています。

このように、全国レベルでは、都市農地は一般市町村に多いとはいえ、生産緑地に注目すると、そのほとんどが特定市にあります。そして、生産緑地および生産緑地以外別にみると、特定市では都市農地（2万1,574ha）のうち生産緑地（1万2,000ha）が5割台半ば、生産緑地以外（9,574ha）が4割台半ばの構成比です。これに対し、一般市町村では都市農地（3万8,301ha）のうち生産緑地以外（3万8,172ha）がほとんどであり、生産緑地（129ha）はわずかに0.3％の構成比です。

ところで、特定市では、2022年以降、「30年経過」の生産緑地を対象に特定生産緑地指定がすすめられ、指定されない場合は非特定生産緑地の扱いとなります。このことから、特定市の都市農地は、今後、「特定生産緑地」農地（タイプⅠ、以下、「特定生産緑地」）、「30年経過」でない「生産緑地」農地（タイプⅡ、

表 1　都市農業に関する指標（現況）

	農家戸数（経営体）	農地面積	販売金額（推計）
全国	107.5 万経営体	432.5 万 ha	8 兆 8,384 億円
都市農業	13.3 万経営体	6.0 万 ha（うち生産緑地 1.2 万 ha）	5,898 億円
［対全国比］	［12.4%］	［1.4%］（うち生産緑地 0.3%）	［6.7%］

出所：農林水産省「都市農業をめぐる情勢について（令和 5 年 1 月）」より作成。
注 1：全国数値の農家戸数（経営体）は「2020 年農林業センサス」、農地面積は「耕地面積統計」（2022 年）、販売金額は「農業産出額調査」（2021 年）による。
2：都市農業の数値は、「固定資産の価格等の概要調書」（2021 年）および「都市計画現況調査」（2021 年）、東京都および全国農業会議所調べ（2019 年）を用いた推計。
3：経営体とは、農業経営体であり、①経営規模が 30a 以上の規模の農業、②農作物の作付面積（栽培面積）、家畜の飼養頭羽数（出荷羽数）等一定基準以上の農業、③農作業の受託の事業を行う農業のいずれかに該当する事業を行う者。

表 2　都市農地（市街化区域内農地）の区分別面積（2021 年）

		三大都市圏特定市（特定市）	三大都市圏特定市以外の地方都市（一般市町村）	合　計
面積（ha）	生産緑地	12,000	129	12,129
	［構成比：%］	［98.9%］	［1.1%］	［100.0%］
	生産緑地以外	9,574	38,172	47,746
	［構成比：%］	［20.1%］	［79.9%］	［100.0%］
	計	21,574	38,301	59,875
	［構成比：%］	［36.0%］	［64.0%］	［100.0%］
比率（%）	生産緑地	55.6	0.3	20.3
	生産緑地以外	44.4	99.7	79.7
	計	100.0	100.0	100.0

出所：農林水産省「都市農業をめぐる情勢について（令和 5 年1月）」より作成。
注 1
原資料は総務省「固定資産の価格等の概要調書（2021 年）」、国土交通省「都市計画年報（2021年）」による。［　］内は横欄の構成比。
2：三大都市圏特定市とは、①都の特別区の区域、②首都圏、近畿圏または中部圏内にある政令指定都市、③②以外の市でその区域の全部または一部が以下の区域（首都圏整備法に規定する既成市街地または近郊整備地帯、中部圏開発整備法に規定する都市整備区域、近畿圏整備法に規定する既成都市区域または近郊整備区域）にあるもの。2018 年4月1日現在、特定市は 214 市（東京都の特別区の存する区域を1つの市としてカウント）。

以下、「生産緑地」)、「非特定生産緑地」農地（タイプⅢ、以下、「非特定生産緑地」)、さらには生産緑地以外の農地（タイプⅣ、以下、「宅地化農地」）という4つのタイプが存在することとなり、都市農業は新たな時代を迎えています。

2 都市農地に対する税制特例措置の適用状況

都市農地の存続（保全と活用）には、税制特例措置の適用が欠かせません。そこで、**図1**から特定市の都市農地に対する税制特例措置の適用状況（2021年）を見てみましょう。特定生産緑地制度により指定された特定生産緑地（Ⅰ）は、生産緑地（Ⅱ）と同様、固定資産税等（都市計画税含む、以下、「固定資産税」）や相続税納税猶予制度（以下、「相続税猶予制度」）において税制特例措置の適用が継続されます。この特定生産緑地制度による指定は所有者等の同意を得て10年ごとに繰り返されますが、指定を受けないと非特定生産緑地（Ⅲ）として税制特例措置の適用がなくなります。ただし、相続税猶予制度の適用をすでに受けている場合は次の相続まで現世代に限り猶予が継続され、固定資産税は激変緩和措置（5年間は課税標準額に軽減率を乗じた措置）を経てその後宅地並み評価・宅地並み課税となります。なお、宅地化農地（Ⅳ）は、従前どおり、税制特例措置の適用はありません。

このように、特定市の都市農地は、生産緑地あるいは特定生産緑地でないと、高額な税負担から営農継続が困難になると考えられます。また、特定生産緑地指定を受けないと以後受けることができないことから、2023年以降も指定をめぐって都市農家の対応が注目されます。

一方、一般市町村の都市農地に対する税制特例措置の適用状況を見てみましょう（**図1**参照）。生産緑地の場合、特定市と同様、固定資産税は農地評価・農地課税とされ、相続税猶予制度も適用（ただし、「終身営農」が条件）されます。また、生産緑地以外の市街化区域内農地（以下、一般市街化区域農地）の場合、固定資産税は宅地並み評価・農地に準じた課税（ただし、前年度比10%増までに抑制）とされ、相続税猶予制度は「20年営農」を条件に適用されます。

このように、一般市町村の都市農地は、特定市と比べ税制特例措置の適用内

区分	三大都市圏特定市の市街化区域内農地			一般市町村の市街化区域内農地
		生産緑地		
	生産緑地以外（IV） （宅地化農地）	特定生産緑地（I）および 30年までの生産緑地（II）	30年経過後の 非特定生産緑地（III）	生産緑地以外 （一般市街化区域農地）
固定資産税の軽減措置	**宅地並み評価** ・宅地評価額－造成費相当額 **宅地並み課税** ・課税額＝評価額×1/3×1.4% ・前年度比５％増までに抑制	**農地評価** ・売買事例価格による評価 **農地課税** ・課税額＝評価額×1.4% ・前年度比10%増までに抑制	**宅地並み評価** ・宅地評価額－造成費相当額 **宅地並み課税** ・課税額＝評価額×1/3×1.4% ・前年度比５％増までに抑制 ・５年間激変緩和措置	**宅地並み評価** ・宅地評価額－造成費相当額 **農地に準じた課税** ・課税額＝評価額×1/3×1.4% ・前年度比10%増までに抑制 （宅地並み評価まで上昇）
相続税の納税猶予	**納税猶予なし**	**納税猶予あり** 終身営農で免除 「貸借」でも納税猶予継続	**納税猶予なし** 現世代の納税猶予のみ 終身営農で免除 （現世代に限り「貸借」でも納税猶予継続）	**納税猶予あり** 20年営農で免除

図１　三大都市圏特定市および一般市町村の市街化区域内農地における税制特例措置の適用状況（2021年）

資料：国土交通省資料より作成。

注：「相続税の納税猶予」欄の「貸借」とは、「都市農地の貸借の円滑化に関する法律」および「特定農地貸付けに関する農地法等の特例に関する法律」に限られる。また、相続税は1991年1月1日時点で特定市であった区域以外は一般市町村として扱われる。

容に違いがあること、さらに生産緑地制度における要件（「30年営農」）の厳格さなどから生産緑地指定が少ない理由とみられています。とはいえ、営農が長期に及ぶと一般市街化区域農地の税額も宅地並みに上昇することから、税の軽減と農地の保全・活用への関心が都市農家のなかで高まっているものと想定されます(2)。

ここで、都市農地の固定資産税額（10 a当たり）を確認しましょう(3)。特定市および一般市町村の生産緑地（特定生産緑地も同様）はともに「数千円」程度です。これに対し、特定市の宅地化農地は「数十万円」程度とされ、生産緑地とは大きな開きがあります。また、一般市町村の一般市街化区域農地は「数万円～十数万円」程度と試算されています。いずれにしても生産緑地以外の都市農地の場合は高額な税負担といえます。

「農地法」（1952年制定）によれば、農地とは「耕作の目的に供される土地」（同法第２条）と定義され、「現在及び将来における国民のための限られた資源であり、かつ、地域における貴重な資源である」（同法第１条）と明記されています。要するに、農業の生産基盤である農地は、個人（農地所有適格法人含む）の私的所有とはいえ国民や地域からみれば社会的・公益的な役割を担っていると考えられています[4]。それゆえに、農地法は、農地を農地以外にすることを規制し、農地の権利取得や利用関係の調整をはかり、さらに農地の農業上の利用を確保することが目的とされています。農地転用制度において都市農地の転用は事前の「届出制」とはいえ、農地法の趣旨からいえば、生産緑地であろうと宅地化農地であろうと同じ農地であることに変わりはありません。そして、「都市農業振興基本法」(2015年制定、以下、「基本法」)は、都市の農業・農地について農産物供給の重要な一端を担うとともに、防災空間の確保、良好な景観の形成、国土・環境の保全、農業体験の場の提供など多様な機能に注目しています。そのような多様な機能を発揮するには、宅地化農地を含め都市農地を可能な限り保全・活用することが肝要といえます。

3 都市農地の動向と市民的利用

都市農地は、都市化・宅地化にともなう営農環境の悪化、高齢化・担い手不足、相続の発生などに起因にして減り続けているのが現実です。そこで、**表3**から東京都や大阪府の農業・農地の動向(1990年～2020年)を全国と比較しながら検討します(参考欄に三大都市圏都府県合計も掲載)。同表は市街化区域外のデータも含まれますが、基本動向は読みとれると考えます。

それによると、全国に比べ東京都や大阪府の特徴として以下の諸点が指摘できます。①経営耕地面積が著しく減少していること、②総農家は全国と同様に半減しているとはいえ、販売農家割合は5割未満で低迷し、自給的農家割合は5割を超えて高めに推移していること、加えて、③農家1戸平均の経営耕地面積では規模を縮小させていること、です。このように、東京都や大阪府では農地の著しい減少をともないながら、農家レベルでは「経営規模の縮小」化とともに「自給的農家」傾向を一段と高めていることが特徴的です。

次に、都市農地に注目し東京都と大阪府の動向(1992年対比2020年)を検討します。国土交通省『土地白書』(各年)によると、都市農地は、東京都では6,995haから3,615ha(48.3%減)へ、大阪府では6,035haから2,800ha(53.6%

表3　東京都・大阪府および三大都市圏・全国の農業動向（1990～2020年）　単位：ha、戸、%

			経営耕地面積	1戸平均	総農家	構成割合	
						販売農家	自給的農家
東京都		1990年	10,037	0.49	20,679	61.3	38.7
		2020年	4,058	0.43	9,525	48.3	51.7
		90年比	40.4	87.8	46.1	-	-
大阪府		1990年	14,508	0.37	38,982	52.1	47.9
		2020年	7,211	0.35	20,779	35.6	64.4
		90年比	49.7	93.3	53.3	-	-
参考	三大都市圏都府県合計	1990年	738,000	0.73	1,006,029	73.9	26.1
		2020年	427,689	0.90	476,629	53.6	46.4
		90年比	58.0	122.2	47.4	-	-
	全国	1990年	4,361,168	1.17	3,739,295	77.1	22.9
		2020年	2,725,221	1.57	1,734,528	58.8	41.2
		90年比	62.5	134.7	46.4	-	-

資料：農林水産省『農林水産省統計表』農林統計協会、各年より作成。なおデータは「農林業センサス」結果。経営耕地のある農家の数値。
注1：三大都市圏とは、東京圏（茨城県、埼玉県、東京都、千葉県、神奈川県）、中部圏（静岡県、愛知県、三重県）、近畿圏（京都府、大阪府、兵庫県、奈良県）の都府県。なお、1990年の三大都市圏の数値には静岡県を含めている。
2：販売農家とは経営耕地30ａ以上または農産物販売金額50万円以上の農家、自給的農家とは経営耕地30ａ未満かつ農産物販売金額50万円未満の農家。
3：「90年比」とは、1990年対比2020年の比率。1戸平均（ha）は、経営耕地面積÷総農家で算出した。

減）へといずれも半減しています。その主な減少要因は、東京都で約7割、大阪府で約8割を占める宅地化農地の利用転換（農地転用）によるものです。そして、残りの減少分は、生産緑地の指定解除とその後の利用転換（農地転用）によるもので、とくに農業後継者のいない都市農家に多く見受けられます。生産緑地は、主たる従事者が死亡等の理由により従事することができなくなった場合、市町村長に買取申出が可能となります。そして、買取申出の日から3か月以内に所有権の移転が行われなかった場合、行為制限が解除され生産緑地ではなくなります。都市農地は売却転用や資産運用が可能ななかで、相続人や承継者は営農目的で農地相続・農地承継するとは限らないからです。

以上のように、都市農地の著しい減少は、宅地化農地の利用転換（農地転用）と生産緑地の指定解除（その後の農地転用）であり、それらに歯止めをかけるには、担い手である都市農家をできるだけ多く確保することのほかに、市民農園や体験農園など都市農地の市民的利用(5)をすすめることが重要と考えられます。

もともと市民農園は、農地法規制の及ばない「レクリエーション農園通達」（農林省構造改善局長 1975 年）にもとづき農家主体の農園として普及拡大してきました。[(6)] この市民農園は、食や農への関心の高まり、農とのふれあい、余暇活動、高齢者の生きがいづくり、生徒・児童の体験学習などを背景に農家でない者が農地を利用して自家用の野菜や花を栽培する農園とされています。このような市民農園は、1989 年の「特定農地貸付けに関する農地法等の特例に関する法律」（以下、「特定農地貸付法」）、次いで 1990 年の「市民農園整備促進法」の制定により法制化されます。

現在、市民農園は、特定農地貸付法や市民農園整備促進法の手続きを経て、地方公共団体や農業協同組合（JA）、農業者、企業・NPO などが開設・運営しています。市民農園は、近年横ばい傾向とはいえ、2021 年 3 月末現在、都市的地域を中心に 4,211 農園（うち市街化区域に 1,362 農園）が開設されています（農林水産省「都市農業をめぐる情勢について　令和 5 年 1 月」。以下、参照）。

市民農園を開設主体別にみると、地方公共団体が 2,442 農園と最も多く、次いで農業者が 1,229 農園、農業協同組合が 475 農園、企業・NPO などが 365 農園です。そして、市民農園は、農地を市民に貸し付ける「貸付方式」と農園主の主導のもと市民が参加し継続的に農作業を行う「農園利用方式」[(7)]の 2 つの形態がみられます。前者は、小規模・零細で期間限定とはいえ、市民主体の農地（農園）利用です。また、後者は、市民参加の農園利用として、とくに東京都練馬区を中心に「農業体験農園」が全国的拡がりをみせています。

いずれにしても都市農地の市民的利用としての市民農園や体験農園は、援農や農作業ボランティアなどを含め都市農地の保全と活用にかかわってその一端を担っているものと評価できます。

4　現行都市農地制度下における当面の基本方策

国の「都市農業振興基本計画」（2016 年、以下、「基本計画」）の策定以降、特定生産緑地制度が創設され、さらに生産緑地の面積要件の緩和（500㎡以上。ただし、市区町村条例で 300㎡まで引下げ可）ならびに一団性要件の運用緩和など都市農地に対する制度的措置がなされました。また、これらに連動して、「都市農地の貸借の円滑化に関する法律」(以下、「都市農地貸借制度」) が制定されました。

都市農地貸借制度は、貸借により意欲ある都市農家の規模拡大や新規参入者の育成・確保につなげるだけでなく、地方公共団体や農業協同組合以外の法人などが開設する市民農園向けの貸借制度として整備されました。貸借される都市農地は、農地法の「法定更新」の例外とされ、契約期間が終われば所有者に自動的に返却されます。ただし、対象となる都市農地は、生産緑地および特定生産緑地に限定されています。とはいえ、固定資産税や相続税猶予制度の税制特例措置も継続されることから、自ら耕作が困難となった場合の都市農地を活かす方法として注目されます。

以上のような、都市農地に対する一連の制度的措置 (以下、「都市農地制度」) のもとでその取り組み状況を概観します (いずれも国土交通省および農林水産省調べによる)。

1 つは、特定生産緑地の指定状況です (2022 年 12 月末時点)。対象となる「30 年経過」の生産緑地のうち 9 割近くが特定生産緑地に指定され、残りの約 1 割が非特定生産緑地の扱いとなりました。非特定生産緑地は市町村長への買取申出がいつでも可能とされ、固定資産税は 5 年後には宅地並み課税となることから、それを所有する都市農家の対応が注目されます。

2 つは、生産緑地面積要件の引下げにかかわる条例の策定状況です (2021 年 12 月末時点)。生産緑地を有する 235 都市 (区市町) のうち 142 都市 (区市町) で同条例(面積要件はすべて 300㎡以上)が策定されました。条例策定都市(区市町) において面積要件を満たす宅地化農地の生産緑地の指定動向が注目されます。

3 つは、都市農地貸借制度にもとづく認定 (市町村長)・承認 (農業委員会) 状況です (2022 年 3 月末時点)。累計では、貸借件数が 467 件、面積が 77.5ha です。前年度に比べて、件数で 1.6 倍、面積で 1.5 倍に増加しています。認定・承認の内訳をみると、耕作の事業に関する計画認定が 375 件・63.8ha、市民農園 (貸農園) の開設承認が 92 件・13.6ha (農園区画数は 9,101 区画) です。貸借目標面積 (2024 年度末) が 255ha に設定されていることから、その後の動向が注目されます。

さらに、4 つは、地方公共団体における都市農業の振興に関する計画 (以下、「地方計画」）の策定状況です（2022年3月末時点）。地方計画策定済み（「既存計画の見直し」含む）は、9都府県、86区市町の合計95の地方公共団体に留まっています。策定済み地方公共団体における計画の具体化への取り組みと未策定地方公共団体の策定への取り組みが注目されます。

以上のような取り組みの到達状況をふまえ、現行都市農地制度下における都市農地の保全と活用をめざした当面の基本方策として、以下の4点を指摘します。

第1に、都市農家への経営支援施策の拡充・展開とともに、都市農家と市民の関係性を参加と利用、交流と連携を軸に強化することです。それには、地元農産物の販売・利用促進、都市農村交流の推進、援農や農作業ボランティアの育成・派遣などの取り組みが有効といえます。

第2に、生産緑地制度・特定生産緑地制度の周知と活用をすすめるとともに、小規模農地（300～500㎡未満）を含む宅地化農地の生産緑地指定などに積極的に取り組むことです。

第3に、都市農地貸借制度の周知をすすめながら都市農家の農地保有意識を利用・活用へと醸成することです。貸付希望のある都市農地（生産緑地・特定生産緑地）を規模拡大志向の都市農家の育成・支援や新規就農者の育成・確保につなげるとともに、農業体験農園や市民農園、学童農園や福祉農園など都市農地の市民的利用をすすめることです。

第4に、都市農業・都市農地を都市に「あるべきもの」として農業のあるまちづくりをすすめることです。そのためには、地方公共団体の地方計画づくりとその拡がりおよび独自施策の展開が期待されています。その際、景観形成、環境保全、防災や減災など地域づくりと結びついた都市農地の保全と活用の取り組みも注目されます。

5 都市農地の保全と活用をめざして

基本計画は、都市農業振興に関する新たな方向性を「担い手の確保」および「土地の確保」の両観点から示すとともに、農業の展開が確実な都市農地については、生産緑地か否かにかかわりなく、「農業振興施策を本格的に講ずる方向に舵を切り替えていく」ことを強調しています。さらに、基本計画は、施策検討にあたっての留意点として、①市街化区域に加えて都市農地区域を広く捉えること、②新たな都市農業振興と土地利用計画にかかわる制度的措置をすすめること、③特定市以外の一般市町村の都市農地を含め保全すべき農地に対する税制上の措置を検討することなどを掲げました。

この間、都市農地制度において特定生産緑地制度や都市農地貸借制度など新たな制度的措置がなされたとはいえ、基本法がめざす都市農業の安定的な継続、多様な機能の発揮を通じて良好な都市環境の形成に資することからみれば、現時点の状況は「緒についたばかり」といえます。それは、いまなお多くの宅地化農地が存在するうえ、今般の非特定生産緑地が加わることによって、むしろ税制特例措置適用外の都市農地を増やしている側面があるからです。その意味では、現行都市農地制度は都市農地を保全・活用するという観点からすれば制度的には限界を有しているといえます。さらに、一般市町村の都市農地の保全と活用のあり方についても検討すべき残された課題です。

ここで、都市農地を主体に営農している都市農家（販売農家）のヒアリング調査結果（以下、「調査結果」）から都市農地制度等にかかわる意見・要望を見てみましょう[(8)]。調査結果によると、「都市計画制度、線引き制度、開発政策・都市政策そのものに疑問を抱く意見」が多くみられるなかで、「生産緑地制度、相続税猶予制度などの制度改善」を求める意見が多くみられました。都市農家の営農継続と経営展開の条件とは、都市農家が安心して利用・活用できる都市農地制度・税制特例措置です。

都市農地の保全と活用をめざして、今後、取り組むべき課題は以下の２点です。

１点目は、都市農家が営農継続できる観点から改めて都市農地制度・税制特例措置を再検討・再構築することです。とりわけ宅地化農地や非特定生産緑地、さらには一般市町村の市街化区域農地を含めた都市農地制度・税制特例措置の改善（たとえば、指定要件・指定期間の緩和、適用要件・適用期間の緩和、適用範囲の拡大など）に着手することです。

同時に、２点目は、都市計画区域・市街化区域を規定（都市計画法第７条第２項）している都市計画制度をはじめ、農地制度・農地転用制度、関連税制など都市農地の保全と活用にかかわる制度改善・制度設計に向けその根幹部分の見直し作業に着手することです。

人口減少社会を迎え、大都市の都市政策や地方創生・地域再生のあり方が問われるなか、市民のいのちとくらしを守るための農業のあるまちづくりが期待され注目されています。「都市農業・都市農地を残していくべき」と考える都市住民は多数です（農林水産省『食料・農業・農村白書 令和4年版』）。都市農地の保全と活用をめざして、都市農家と市民との交流・連携、国と地方公共団体、農業委員会、農業協同組合など関係機関・関係団体、関係者との協力と連携が強く求められています。

（大西敏夫）

注

(1) 特定市は、2018年4月1日現在、214市（東京都の特別区の存する区域を1つの市としてカウント。詳細は、本章の表2の注記2)、参照。
(2) 全国農業協同組合中央会「都市農業をめぐる情勢と生産緑地制度について（令和3年2月)」、参照。
(3) 同上。
(4) 大西敏夫（2018）『都市化と農地保全の展開史』筑波書房、第2章第2節の「(1) 農地法・農地制度の機能と骨格」(46-47頁)、参照。
(5) 後藤光蔵（2003）『都市農地の市民的利用』日本経済評論社、参照。なお、同書によれば、「都市農地の市民的利用」とは、成熟社会における農業の存在形態であり、「「いのち」を支える農業から「いのち」と「くらし」を支える農業へ」(序、5頁）変化していくことを意味している、と述べられている。
(6) 大西敏夫「都市・農村交流の現段階」『大阪商業大学論集』第191・192号（2019年5月）合併号、217-218頁、および農林水産省「都市農業をめぐる情勢について（令和5年1月)」、参照。
(7) 「農園利用方式」は、「利用者と「貸付け」の権利が発生しないことから、農地の貸借や市民農園設置に関する法律上の規制を受けず、相続税納税猶予制度でも「自ら耕作する農地」として適用が可能となる仕組み」(大阪府農業会議資料『市民農園等啓発リーフレット』〔2023年3月〕）とされている。
(8) 都市農家（販売農家）のヒアリング調査は、大阪府内・都市農家13戸を対象に、筆者が2017年7月に実施したもの。詳細は、大西敏夫「都市農業における経営展開の可能性とその条件」『農業と経済』第84巻第2号（2018年3月号)、昭和堂、40-43頁、参照。

引用・参考文献

大西敏夫（2018）『都市化と農地保全の展開史』筑波書房。
大西敏夫（2018）「都市農業における経営展開の可能性とその条件」『農業と経済』第84巻第2号（2018年3月号)、昭和堂。
後藤光蔵（2003）『都市農地の市民的利用』日本経済評論社。
後藤光蔵（2010）『都市農業（暮らしのなかの食と農㊿)』筑波書房ブックレット。

第12章

多様な担い手を育て魅力を伝える

KEY WORDS

多様な担い手

事業体としての担い手

耕す市民

新規就農者

担い手育成

この章で学ぶこと

本章では、都市農業における担い手の確保と育成について考えます。担い手を事業体と「耕す市民」に分類し、どのような担い手がいるのか、またどのような担い手をどのように育成しているのかについて具体的な事例を挙げながら説明します。

これらを踏まえて、都市農業を維持するために重要な担い手について、その多様性と課題について学びましょう。

都市農業を維持あるいは振興する上で、担い手を確保し育成することは重要な課題の一つです。担い手がいなければ、農業もそして都市農業もないといっても過言ではないでしょう。2016年に閣議決定された都市農業振興基本計画においても、「都市農業の安定的な継続のため、多様な担い手の確保が重要」と記載されています。その中で、「営農の意欲を有するもの（新規就農者を含む）」「都市農業者と連携する食品関連事業者」「都市住民のニーズをとらえたビジネスを展開できる企業等」を担い手として掲げています。

他方、個人経営や企業の事業を展開する農業者や法人だけでなく、第7章で紹介したように非農家である市民が担い手となる事例も多数見られます。橋本（2019）は、都市農業における多様な担い手を確保するために、既存の農業者への支援だけでなく、新規就農希望者への支援、「耕す市民」の育成、市民や学生による農業ボランティア活動の育成や支援が必要であると提示しています。

本章では都市農業の担い手を、農業経営体や法人だけでなく、農業や食生産に積極的に関わる市民も重要な担い手と位置づけます。それらの多様な担い手を、事業体と「耕す市民」に分けて説明するとともに、多様な経済主体が関わりながら担い手を確保する取り組みについて、具体的な事例を取り上げながら紹介していきます。

1　都市農業における多様な担い手

事業体としての担い手

事業体とはビジネスに取り組んでいる個人経営者や法人です。ここでは、事業体としての担い手を、農業生産あるいは農産物を利用すること、または農地を貸借することで事業を展開する経営体とします。**表1**は事業体としての都市農業の担い手をいくつかに分類したものです。これ以外にも担い手は存在すると思われますが、本章ではここで挙げた担い手について説明していきます。

表1　事業体としての都市農業の担い手

担い手	担い手としてのあり方（例）
①農家の後継者	都市農家の子息や息女、親戚などが後を継ぎ農産物生産に携わる。
②新規就農者	非農家出身の市民が農地を取得あるいは借りて農産物生産に携わる。
③農業関連法人	・農産物生産、農産物を利用した加工品生産に携わる民間企業において、雇用やボランティアとして担い手を育成する。 ・農地を市民に貸し出す事業を展開し市民の担い手を育成する。
④食品関連会社	・自社商品の原料を自社で生産するために農地を購入あるいは借りることによって農産物生産に関わる。社員としてあるいはボランティアとして農業の担い手を育成する。 ・自社商品の原料として都市生産者の農産物を利用することで担い手を育成する。
⑤協同組合	・農協や生協、労働者協同組合が事業として農業に参入することで都市農業の担い手を育成する。

出所：筆者作成。

①　農家の後継者

まず一つ目は、都市農家の家族構成員が個人の農業経営体（家族農業）で農業者として関わるというあり方です。高校や大学を卒業後すぐに後継者になる人もいれば、いったん他の企業等で勤務し、早期退職や定年退職したのちに家業を継ぐという人もいます。他の企業で勤めながら兼業農家として経営を安定させることもありますが、不動産収入や年金といった安定した収入源をもちながら農業に従事する形態が比較的多いことは都市農業の特徴といえるでしょう。この場合、安定した収入源や農業における経営の安定、そして農業に関わることの魅力が担い手を確保する上で重要になると考えられます。

②　新規就農者

二つ目は新規就農者として農業経営に関わる形態です。都市部は人口も多いことから新規就農に関心の高い人も一定数存在します。しかし非農家出身者が新規就農するためには農地を借りるための障壁が高いうえ、農業で生計を立てることが難しいと言われています。したがって、これらの障壁をうまく乗り越えるために、行政や新規就農者、農地所有者など関係者それぞれがコミュニケーションを図り新規就農者を確保することをめざす必要があります。もう一つ重要なことは新規就農者同士のネットワークです。東京都では2010年ごろから新規就農者同士が集まる月例会ができ、新規就農者や新規就農希望者が本音で語ることができる場が形成されていきました。そしてこの月例会は「東京NEO-FARMERS」という名称となり出荷シールやポスターの作成、SNSの立ち上げなどに自分たちで取り組んだことにより認知度を高め、新規就農者が徐々に増えてきました（松澤 2016）。

③　農業関連法人

三つ目は、農業関連法人が都市部において農産物生産あるいは農地貸借に事業として携わる形態です。従業員として雇用という形態で担い手を確保し育成することができます。なかには、障がい者や高齢者を積極的に雇用する法人、生産した農産物を加工し販売する6次産業に携わる法人も見受けられます。

また農地貸借によって市民農園を展開する事業体も存在しています。たとえば、株式会社マイファームが展開する「マイファーム」や株式会社アグリメディアが展開する「シェア畑」です。マイファームは「農園利用方式」とよばれる地主が利用者から入園料を取って農地の利用を許可する方法を採用し、利用者は農業経験者の指導を受けながら与えられた区画で農産物を生産することができます。シェア畑では、農家が体験農園を開設しアグリメディアに業務委託する方法か、農業体験農園の方式で運営主体は農家でありながら業務委託を受けノウハウを提供する方法をとっています（小野 2016）。耕作放棄地を所有する地主は、市民に農地を貸し出すことで事業を展開するとともに、自身も農業アドバイザーとして利用者と交流することもできます。

④　食品関連会社

四つ目は、食品関連会社が農業生産に携わり都市農業の担い手になる形態です。自社商品の原料をより安全で、消費者に安心してもらえるものにしたいという想いから、農地を購入したり借りたりして原料を生産する企業が出てきています。

たとえば、和歌山県和歌山市にて米油を製造している築野食品工業株式会社では、自社商品の米油を使用したグルテンフリーのお菓子の製造および販売にも取り組んでいます。そのお菓子の原料である米粉を近隣の農地で栽培し、生産工程が明確な原料を生産しています。また奈良県奈良市でハトムギを用いた健康食品を販売している太陽食品株式会社（商品の販売はそのグループ会社のそれいゆ株式会社が担当しています）では、より安全な原料を自社商品に取り入れるために有機農業によるハトムギの栽培に取り組んでいます。最初は本社横の農地から始めましたが、今では奈良市内や天理市内の遊休地を借りて 30ha にまで拡大しています。

⑤　協同組合

最後に生活協同組合や労働者協同組合が事業として農業に参入する形態を紹介します。生活協同組合が遊休地などを借入れ、農業部門を立ち上げたり、別法人を立ち上げたりすることによって農産物生産を事業として展開するという動きがあります。たとえば大阪府のいずみ市民生協では、2010 年 6 月に農業生産法人㈱いずみエコロジーファームを設立し、大阪府内の農地を取得することで、生協組合員や地域の農産物直売所で販売する農産物を生産しています。また障がい者を雇用することで多様な農業の担い手の育成にも尽力しています（片上 2015）。労働者協同組合では、農業に関わる上で同じ目的を持った人たちが出資し事業を展開しています。たとえば、「ワーカーズコープ センター事業団 吹田地域福祉事業所」は「高齢者いこいの家」を運営し、高齢者たちが野菜の自家採種、サツマイモの一株制度、たい肥づくりなどに取り組んでいます（農業協同組合新聞 2023）。

「耕す市民」としての担い手

「耕す市民」という言葉は、自分たちの食料を少しでも自給するために、都市部の農地を耕し食料生産に取り組む農家出身ではない都市住民の意味でしばしば用いられています。「耕す市民」は、高度経済成長や農業の近代化に疑問

表２「耕す市民（非農家出身の市民）」が担い手となる事例

具体的な取り組み例	担い手育成者・団体
①家庭・ベランダ・屋上菜園	行政、農業者など
②農業体験	行政、農業者、各種協同組合、学校等教育機関・食品加工会社など
③農業・援農ボランティア	農業者、各種協同組合、食品加工会社など
④市民農園	行政、農業者、市民団体、企業など
⑤農業体験農園	農業者など
⑥市民による任意団体	行政、農業者、各種協同組合、市民団体など

出所：小口（2021）を参考に筆者加筆。

を感じた都市部の住民たちが、自給とつながりを形成しながら生活自体を自然に寄り添ったものにしようと都市部の農地を耕した「自給農場運動」がきっかけで広まったと言われています。そして小口（2021）は、この現象は、2020年から始まった新型コロナウイルス感染症への対策による自粛やつながりの希薄化のなかで、密集を回避しながら自己防衛的に耕す市民が増加していると報告しています。以下で、非農家である市民が農産物の生産に関わることによって都市農業の担い手となる形態を**表２**に沿って紹介していきます。

①　家庭・ベランダ・屋上菜園

非農家市民が食べ物を生産する最も身近な方法が、家庭菜園やベランダ菜園、あるいは屋上菜園といえるでしょう。農地を借りたり購入したりすることなく手軽に始めることができます。ベランダや屋上からあふれんばかりの植物が飛び出している景色は、ヨーロッパやアジア諸国でも見受けられます。イギリスでは、市民農園を借りることができない市民による、バルコニーや植木鉢を活用し垂直方向に多種の野菜を育てる「垂直の菜園」という取り組みも見受けられるそうです（コックラル 2014）。生産技術は自己流であったり、自分で情報を集めたりするケースが多くみられますが、近所の農業者に教えてもらったり、行政や市民団体が開催する研修に行って知識を習得したりするケースも見られます。

②　農業体験

農業体験は種まき体験や収穫体験など、1回のみあるいは農作業の一部に市民が参加するというものです。田植え体験や稲刈り体験、芋掘りやみかん狩りなど、ある意味「いいとこ取り」をさせてもらえる体験がほとんどです。なかには、畑の整備、マルチ張り、夏の草刈りなど作物栽培に必要な作業を定期的に体験できる企画も増えてきました。

このような農業体験の実施主体は、農業者や地方自治体、農業協同組合、生活協同組合、労働者協同組合、学校等教育機関、あるいは食品関連会社など多岐にわたっています。たとえば、多くの農業協同組合（総合農協）では、JA 女性大学という年間を通したイベントを開催し、そのカリキュラムに1回のみの農業体験を組み込んでいるものがあります。生活協同組合では、取引先の生産者や生産者団体と協力し、生協組合員を対象とした1回のみあるいは定期的な農業体験を実施しています。また食品関連会社の事例として、大阪市に本社を置く株式会社和田萬の「ごま畑オーナー制度」というユニークなものもあります。株式会社和田萬はごま加工品の製造および販売に携わる会社ですが、自社商品の原料を生産することに加えて、ごまの国内自給率を少しでも向上させるために奈良県葛城市の農地で、ごまの生産にも取り組んでいます。消費者がそのごま畑に出資し畑オーナーとなることで、苗付けや収穫などの体験ができるという内容のものです[(1)]。

この他にも農業体験は多種の機関が多様な形態で開催していますので、市民にとって目につきやすく参加しやすい「耕す市民」活動の一つであるといえます。

③　農業・援農ボランティア

農業ボランティアや援農ボランティアは、支援が必要な農業者に対して、農業者を支援したい非農家市民が一緒に農作業に関わる方式です。農繁期だけ単発で支援者を募集する企画もあれば、会員制を採用し定期的に支援する方法もあります。

たとえば、協同組合間同士の協力として、生活協同組合の組合員が取引先の生産者あるいは生産者団体の農作業に援農ボランティアとして支援する取り組みが見られます。また、農業者が実施している活動事例としては、奈良県奈良市における「畑ヘルパー倶楽部」という取り組みがあります。この活動では会員制を採用しており、なるべく月に１回以上農作業に参加することが求められています。会費は会員種別によって異なりますが、月に1,000円〜3,000円（保険料込）で、作業に参加すると１日あたり2,400円分の農産物を持ち帰る仕組みになっています。「畑ヘルパー倶楽部」に参加する会員は学生や高齢者まで年齢層は幅広く、参加者は自然農法による農産物栽培だけでなく、食の安全、地域についても関心が高まるとともに、農業者や他の参加者とのコミュニケーションを図ること、自然の中で身体を動かしリフレッシュできることなどを利点として挙げています（額見 2020、保 2023）。

④　市民農園

市民農園は、「サラリーマン家庭や都市の住民の方々のレクリエーション、高齢者の生きがいづくり、生徒・児童の体験学習などの多様な目的で、農家でない方々が小さな面積の農地を利用して自家用の野菜や花を栽培する農園」と定義されています（農林水産省 2022）。2020年度において全国に、4,211農園、18万6,378区画が開設されており、開設者は地方公共団体、農業協同組合、農業者、NPO・企業等です[(2)]。166頁で説明したシェア畑も一種の市民農園として捉えられており、非農家の市民が食べ物生産を経験できる場になっています。

市民農園を利用したい市民は、地方自治体や農業者など開設者に連絡を取り、利用できる区画があれば、利用料を支払うことによって数年間利用できます。農業者や農業協同組合、市民団体あるいは企業などが開設する市民農園では初めて農産物を生産する市民が栽培技術を教えてもらえるところもあります。

⑤　農業体験農園

農業体験農園は、農地を利用者に貸し出すのではなく、農家が農業経営の一環として道具や資材を準備し、利用者に利用料を支払ってもらう代わりに野菜作りの方法を教えながら農地を維持するという方法です。1993年に農地保全に力を入れていた横浜市の「栽培収穫体験ファーム制度」が始まりで、農家が先生となって利用者に教えるという今日の農業体験農園を定着させたのは東京都練馬区の農家だったとされています（櫻井 2011）。練馬区のノウハウは「練馬方式」とされ、関東圏を中心に農業体験農園の方式が普及しました。農業体験農園では、1区画当たり15～30㎡を、年間3万円～4万円程度の利用料を支払うことで利用できる農園が一般的となっています。

⑥　市民による任意団体

昨今、食の安全に関する問題や耕作放棄地の増加など食や農に関する問題に気づいた市民が、自分たちで同志を集めてグループで「耕す市民」活動に取り組む事例が出てきました。自分たちの食料を生産するだけでなく、地域の農産物直売所で販売し事業化するケース、将来的には学校給食にも供給することをめざすグループも存在します。

例えば、奈良県広陵町において2015年に市民によって立ち上げられた「健楽（けんぎょう）農業」という取り組みがあります。市民農園というかたち以外に市民が主体的に農業に本格的に関わることができる機会をつくるために、奈良県、広陵町、奈良女子大学、そして広陵町の農業者や市民が協働することで、5年間かけて事業化できるまで展開してきました。農地取得や設備投資に関する費用や手続きは広陵町が請け負い、グループメンバーで耕す共同圃場と個人区画を配置しています。生産技術は県や農業者が担当し、市民は生産方法を教えてもらいながら耕すことができます。年間20名程度が参加していますが、参加者のライフスタイルによって参加頻度に差があり、特に子育て世代が継続的に参加できるような仕組みをつくることが課題だとされています（近江 2022）。

また大阪府柏原市では、「休耕地から巻き起こす夢づくりプロジェクト」という子育て中の女性たちが中心となって2021年秋ごろから始めた活動があります。このプロジェクトの目標は、「休耕地を自然の畑に変える→そこで収穫する生命力たっぷりの自然野菜を学校給食・こども園給食に届ける」ことであり[3]、農作業や里山管理に賛同者みんなで参加しながら、加工品の開発にも携わり、子どもたちが食べるものを安全で安心できるものにしていくという市民主体の取り組みです。

他にもJAにおける子育て世代を中心とした女性たちの活動である「フレッシュミズ」活動において、自分たちで耕し加工品をつくるといった取り組みや生活協同組合の組合員が取引先の生産者の農地の一部を借りて農産物を生産する組合員活動も見られます。

2 エコ農産物の市場創設による担い手の育成
── 東大阪市「ファームマイレージ^{2}運動」の事例

「ファームマイレージ^{2}運動」とは

都市農業の担い手確保と育成には多種多様な形態があることを前節で説明しましたが、行政と市民が一体となって取り組むプロジェクトがあることによって、多様な担い手を確保し育成することが可能となった事例である大阪府東大阪市の「ファームマイレージ^{2}運動」を紹介します。

これは2009年から取り組まれているもので、「地域の産業を地域に住む人と共に無理なく守っていく」ことを理念に、近くの畑の野菜を食べることで、野菜が育つ畑を守る（増やす・残す）仕組みのことであり、東大阪市・大阪府・農業協同組合が参加する東大阪市農業振興啓発協議会が中心となって活動を拡大しています。上付き文字の「2」は「二乗」を示しており保全する農地の面積を意味しています。環境に配慮して生産した農産物（以下、エコ農産物）の生産と消費を増やし、地域内で農産物だけでなく気持ちも循環させることで環境に配慮した農業をみんなで守っていこうという取り組みです。

エコ農産物を生産する生産者には、東大阪市内のJA直売所で販売する際の手数料が低く設定されています。またエコ農産物を消費した消費者には、エコ農産物のシールを集めると農産物直売所で利用できる金券と、東大阪市内の農地を守ったことに対する感謝状が特典として提供されています[(4)]。2017年に筆者がJA農産物直売所で実施した消費者へのアンケート結果では、回答者の93%が東大阪市内に農業・農地は必要であると回答しました。都市住民による都市農業への期待は高いといえるでしょう。

東大阪市における都市農業の担い手確保と育成

「ファームマイレージ^{2}運動」のなかには、エコ農産物の生産を通して都市農業の担い手を確保し育成する企画がいくつかあります。一つは、大人のための農業体験プログラム「いも」です。これは2014年度に東大阪市農業啓発協議会が開始した市民向けの農業体験企画であり、エコ農産物認証を受けている安納芋の畝づくり、苗植え、草刈り、芋ほり、そして収穫した芋で作った焼酎の試飲という一連の流れを年間通して体験する内容です。利用する農地は、市街化区域内の農地であり、地主の農業者が高齢によって農作業ができなくなったため、東大阪市と相談してこの企画を実現しました。参加した市民の中には、継続的に参加することを希望する人もいます（青木　2017)。「耕す市民」の確保と育成につながっていると考えられます。

また生産者の確保と育成という点では、30歳代や40歳代の農家の子息がエコ農産物の生産を継承するというケースや、20歳代の新規就農者など若い担い手が複数出てきています。2022年9月および2023年3月に筆者が実施した担い手へのインタビュー調査において、40歳代の後継者の方は「農業は楽しいです。不動産収入があることと、農産物直売所が近くにあって確実に販売につながるので経営的にも安定します」と農業を継承した理由を教えてくれました。また別の40歳代の後継者は「農産物直売所が近くにあって、消費者が近くにいることから、いつも買ってくれている消費者の人たちが畑に来て声を掛けてくれるのが嬉しいです。困っていたら手伝ってくれるので、そのような支え合いも農産物直売所があることで築けています」と都市農業の魅力を話してくれました。一方で20歳代の新規就農者は、「農業に従事したいけれども土地を借りることや地域との関係づくりでいろいろと課題があり大変な面も多い」と話していました。

農地に関する問題など今後の課題もありますが、「ファームマイレージ^{2}運動」は、農産物直売所を起点にエコ農産物の市場を形成することによって多様な担い手を確保し育成している実践であるといえるでしょう。

3 多様な市民が関われる都市農業へ

本章では、都市農業の担い手を事業体と「耕す市民」に分類し、それぞれにおいて担い手としての特徴や取り組み例、また育成方法について説明しました。日本において食や一次産業が危機的な状況に置かれるなか、それに気づいた市民が自分たちで食を守ろうとする動きが広がっており、都市農業の担い手はよりいっそう多様化しているといっても過言ではありません。

都市農業は農産物直売所などを通して農業者と消費者の距離が近く、顔の見える関係も構築しやすい環境にありますので、この特徴を生かしながら、農業者も消費者も積極的に農に関わる環境を整えていくことが必要であると考えられます。その際、農業者、消費者、行政、農協、生協、企業など、それぞれができることを協力して取り組んでいくことが重要になってくるでしょう。

（青木美紗）

注

(1) 株式会社和田萬ウェブサイト https://www.wadaman.com/［2023年3月16日閲覧］
(2) 農林水産省ウェブサイト「市民農園の状況」 https://www.maff.go.jp/j/nousin/kouryu/tosi_nougyo/s_joukyou.html［2023年3月9日閲覧］
(3) ほっとまるちゃんウェブサイト https://hot-maruchan.com/［2023年3月16日閲覧］
(4) 「ファームマイレージ²運動」の詳細については青木（2015）を参照。

引用・参考文献

橋本卓爾（2019）『大阪農業振興協会ブックレット No.2　都市農業に良い風が吹き始めた——「都市農業振興基本法」の制定とそれを活かす途』大阪農業振興協会、41頁。

松澤龍人（2016）「東京で非農家出身者の新規就農をつくる」、小野淳・松澤龍人・本木賢太郎（著）『都市農業必携ガイド——市民農園・新規就農・企業参入で農のある都市づくり』農山漁村文化協会、18-49頁。

小野淳（2016）「都市農業の現場から——先進農家・流通・農園サービス・行政の取り組み」、小野淳・松澤龍人・本木賢太郎（著）『都市農業必携ガイド——市民農園・新規就農・企業参入で農のある都市づくり』農山漁村文化協会、52-117頁。

片上敏喜（2015）「生活協同組合における農業参入の課題と展開に関する研究」『生協総研賞・助成事業研究論文集』11号、11-20頁。

農業協同組合新聞（2023）「「よい仕事」で地域づくり　「協同労働」の芽が次々　ワーカーズコープが研究集会」2023年3月7日、https://www.jacom.or.jp/ryutsu/news/2023/03/230307-65173.php［2023年3月8日閲覧］。

農林水産省（2022）『令和4年度版　市民農園をはじめよう！』https://www.maff.go.jp/j/nousin/kouryu/tosi_nougyo/attach/pdf/s_kaisetsu-1.pdf［2023年3月9日閲覧］

小口広太（2021）『日本の食と農の未来「持続可能な食卓」を考える』光文社新書、228-9頁。

コックラル＝キング，ジェニファー（白井和宏 訳）（2014）『シティ・ファーマー——世界の都市で始まる食料自給革命』白水社、114 頁。
額見奈央（2020）「消費者による農業ボランティア活動が及ぼす影響に関する研究――畑ヘルパー倶楽部を事例に」奈良女子大学生活環境学部生活文化学科卒業論文。
保萌々香（2023）「農業ボランティア活動が高齢者の心身及び生活に与える影響――畑ヘルパー倶楽部を事例に」奈良女子大学生活環境学部生活文化学科卒業論文。
櫻井勇（2011）「「農」を街につくる」蜂須賀裕子・櫻井勇『いまこそ「都市農」！』はる書房、68-149 頁。
近江郁子（2022）「市民農業成立と継続の条件についての研究――奈良県広陵町におけるアクションリサーチをもとに」奈良女子大学大学院人間文化総合科学研究科博士論文。
青木美紗（2015）「地産地消による持続可能な農業の展開に関する研究――大阪府東大阪市「ファームマイレージ 2 運動」を事例に」奈良女子大学大学院人間文化研究科博士論文。
青木美紗（2017）「協同組合や自治体の連携による都市農業振興の可能性」『まちと暮らし研究』第 25 号、15-20 頁。

Column ⑤ 都市部における土地改良区の公益機能

土地改良区とは、農地や農道の整備、ため池や水路、河川から水を引き入れる取水堰などの施設管理や水路の水量管理などの土地改良事業を行うために組織された団体です。2021 年時点で全国に 4,203 地区(面積 246 万 4,059ha、組合員数 342 万 4,254 人)の土地改良区と、73 地区（面積 24 万 9,747ha、組合員数 37 万 2,041 人）の土地改良区連合があります。

わが国の基幹的農業用水路の長さは合計で約 4 万 5,000km。これは地球 1 周分の長さに相当します。排水路約 1 万 km のほか、小さな農業用水路を含めると、長さの合計は地球 10 周分にもなります。普段、川だと思っていても、実は土地改良区が維持管理する水路であることも珍しくありません。

農業用水の適切な確保は、農業を行ううえで最も大切な基盤の一つです。また、都市部の農業は、ヒートアイランド現象と集中豪雨、アスファルトの被覆による都市型水害など、都市ならではの災害を軽減する公益機能を有しており、いまやなくてはならない存在です。

2001 年からは 21 世紀土地改良区創造運動の名のもとで、土地改良区は単独ではなく、地域住民の参加や協力を得て、水路や親水公園を管理するようになりました。例えば、大阪府下最大の神安(しんあん)土地改良区（事務所：大阪府茨木市）では、桜並木の清掃活動や写生大会、チューリップ、レンゲ、コスモスの植栽、米作り体験や生き物調査など、生産者と消費者が共に顔をあわせて実施しています。

都市部だからこそ、農家と地域住民が一体となり、農地や水路を大切にし、農産物を育み心地よい環境をも創造する都市農業の公益機能を発揮することが必要です。最終的な恵みは個々の農家にもたらされるものであっても、自然資源に大きく依存する水路や堰などをコモン（共有財産）として管理し、親水公園などを設置することで、よりいっそう都市住民も都市農業に愛着をもつようになります。都市部の土地改良区は、都市農家と地域住民をつなぎ、都市農業を持続させるための縁の下の力持ちなのです。(中塚華奈)

第13章 都市農地と防災機能

KEY WORDS

地震災害

緑地空間

防災協力農地

土地所有

地域防災

この章で学ぶこと

防災は農地が持つ多面的機能の一つとして重視されています。これには大規模な災害の被害抑制や復興に際し、公園や農地などの「緑地空間」が役立ったとの気づきが影響しています。

一方、農地は農業生産の場であり、私有地でもある点に注意が必要です。果たして、防災機能は農地が備える所与の価値でしょうか、あるいは不断の努力で構築・維持しなければならないものでしょうか。「防災協力農地」という制度を中心に考えてみましょう。

1　都市農地の防災機能

1995年1月17日午前5時46分、マグニチュード7.3の直下型地震が発生し、兵庫県淡路市・神戸市などで最大震度7を観測、膨大な数の家屋倒壊や大規模な火災が発生しました。この阪神・淡路大震災により、6,433人が命を落とし、およそ3万5,000人が負傷しました。全壊・半壊家屋を合わせるとおよそ20万棟にのぼり、亡くなった人の約90%が家屋の倒壊による圧死または窒息死であったといわれています。また、この地震では、182件もの火災が発生し、とくに木造住宅が立ち並ぶ密集市街地では瞬く間に延焼し、大規模な被害に発展しました。避難者は発災後5日で最大規模となり、32万もの人々が小中学校などの避難所で生活しました[(1)]。

この大惨事の中で人々を火の手から守り、避難所や救援活動の拠点となったのが、学校・公園・河川沿いなどの緑地空間であったことが指摘されています（石川 2001/2020）。神戸市の大国公園は、被災者への炊き出しや物資の配給、情報交換の場として機能しました。また大規模な公園はヘリポートや自衛隊の駐屯地となり、仮設住宅の建設地としても活躍しました。こうした実績から、震災後の復興計画では、従来の都市開発で見落とされがちだった「緑地」の役割が見直されることになったのです。

都市においては様々な種類の緑地がありますが、都市の農地もまた、災害による被害拡大を抑制するうえで重要な「緑地」として改めて認識されるようになりました。とくに重視されたのが、地震災害発生時の火災延焼防止と避難場所の確保です（鍵屋・尾島 1998）。一定以上の規模を持つ都市農地は、火災の遮蔽により延焼を防ぎ、周辺住民が火事から身を守る避難場所として活用できます。また、都市農地がしばしば小規模ながら分散的に点在している点も重要です。大規模な都市公園などの「広域避難場所」は多数の人々を収容する避難所として機能しますが、場所によってはアクセシビリティ（利用しやすさ）の格差が生じます。都市農地を活用すれば、さらにたくさんの避難場所を確保でき、都市住民の防災緑地へのアクセシビリティを向上させることができます。

なお、農地が持つとされるもう一つの大きな防災機能は、水害および土砂災害の防止です（橋本 2017）。まず、水害防止については、水田の貯水機能が重要です。水田は、雨水を一時的に貯留することによって洪水を防止する効果があります。水田が持つこの貯水機能をさらに高めたものとして「田んぼダム」があります。水田の排水を抑制するための工事を施すことで、田んぼの下流に位置する地域の洪水リスクを下げる工夫です。また、河川の後背に広がる低平な平野（後背湿地）に位置する農地は、河川の増水時に遊水地として機能するよう、河川の堤防をあえて低く設計している場合もあり、これらの農地が河川の流況を安定させることに役立っています。

次に、土砂災害の防止については、棚田保全の意義としてよく知られています。斜面地に水田があると、雨水の浸透が緩やかになり、降雨時に地下水位の急激な上昇を防ぐことができます。これにより、土砂災害の発生を抑えることができるのです。また、農地を維持するためにこまめに補修を行うことも、斜面地の崩壊を防ぐことに貢献しています。

以上のように、農地は「防災緑地」の一部としてその役割の重要性が見直されており、これは防災政策、都市計画・緑地計画、農業政策の各領域で共有されている認識であるといえるでしょう。

一方で、農地は公園などの緑地とは、異なった側面があります。都市農地は防災緑地と位置づけられる一方で、農家による農業生産の場であり、さらには地主が所有する私有財産でもあります。農地が防災機能を「発揮する」ためには、複数の利害関係者の調整と合意が必要となり、こうした側面を見過ごすことはできません。つまり、農地が持つとされる防災機能は「所与のもの」ではなく、その発揮に必要な条件に注目する必要があるでしょう。具体的には、どんな主体（人）がいかに行為すればよいか、また、それを制度的に支援することができるかを議論することが重要です。以下では、農地が防災緑地として機能するために整備されている「防災協力農地」制度に注目し、その運用を行う関係主体（自治体・農家）とその動き、そして課題について見ていきます。

2 大阪府における防災協力農地制度の実態

阪神・淡路大震災による甚大な被害は、被災地だけでなく日本全国に衝撃をもたらし、多くの人々の防災意識を喚起することとなりました。関東・中部・関西の各大都市圏では、人口が密集する市街地の中で、いかに緑地空間を確保するかが重要視されるようになりました。都市における農地は、大規模な震災を機に改めて防災機能を持った緑地として認識されることになったのです。

東京都や神奈川県では、農家や農協と行政とが提携を結び、災害発生時に所定の農地を避難所や仮設住宅の設置場所などとして活用できる「防災協力農地」を制度化し、先駆的に運用を始めました。たとえば、都市農業がさかんな東京都練馬区では、区と農業協同組合が提携し災害時に避難所や仮設住宅の設置場所に活用できる農地をあっせんする協定を結びました。こうした防災協力農地は現在、各大都市圏に所在する基礎自治体で制度化する動きが広がりつつあります。

防災協力農地制度にはいくつかの形態があると考えられますが、基本的な仕組みは共通しています。自治体の担当部局が地域の農家と話し合い、災害時における農地の利活用とその後の補償について契約書を交わすというものです。災害時の具体的な利活用の方法や農家への補償の仕方は自治体によって異なっていますが、基礎自治体が要綱を作成し、補償にかかる費用まで捻出する点においては共通しています。

以下、本節では大阪府の事例に即して、防災協力農地制度の実態を詳しく見てみましょう。

図1および**表1**は、それぞれ大阪府内における防災協力農地制度を採用する自治体の経年変化、そして防災協力農地の数と規模を表しています。

大阪府内で防災協力農地制度を最初に導入したのは寝屋川市であり、以後その他の自治体へと展開していきました。2023年4月現在、15の自治体がこの制度を導入しています。大阪府農業会議へのヒアリングによると、制度を導入する際には、先行自治体が導入した仕組みを参考にすることが多く、近隣自治体の導入によって当該自治体の導入が促される場合もあります。また、制度の

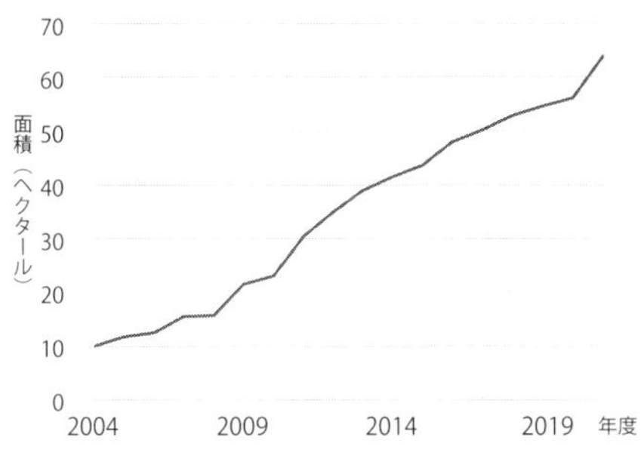

図1　大阪府における防災協力農地の総面積の推移

出所：大阪府農政室および大阪府農業会議提供。

表1　大阪府内の防災登録農地制度導入自治体

導入年度	新規導入自治体	
2003	寝屋川市	
2009	守口市	貝塚市
2011	堺市	
2015	高石市	
2016	大東市	
2017	四条畷市	田尻町
2019	和泉市	岸和田市
2020	交野市	摂津市
2021	大阪市	枚方市

出所：大阪府農業会議作成のリーフレット『ご存じですか？防災協力農地制度（令和4年3月刊行）』より引用。

導入が促進された時期は複数あり、阪神・淡路大震災後、農地を防災空間と位置づけたまちづくりや農業振興が意識された2000年代、東日本大震災を経験し南海トラフ地震のリスクが意識され始めた2010年代、そして防災を含む多面的機能を有する都市農地を積極的に保護するべきことを方向づけた都市農業振興基本法制定以後の2010年代後半、といったきっかけがあります。これらの画期を経て、大阪府内では段階的に制度の導入が進んできたのです。

また、防災協力農地が効果を発揮する地域の特徴としては、家屋がある程度密集する市街地に農地が存在している場合が重要となります。緑地や空き地が豊富にある郊外および農村部では、防災農地の必要性は意識されにくいかもしれません。また、市街化が進み農地が消滅してしまうと、制度を導入しても登録者が現れません。こうした前提を踏まえて、意義を認めた自治体が制度を導入していると考えられます。

防災協力農地制度を実際に導入するのは基礎自治体ですが、ここでは基礎自治体に対して制度の導入を促してきた大阪府の環境農林水産部農政室と大阪府農業会議の役割について言及しておきましょう。農政室と農業会議は密接に連携し、府内の基礎自治体に対して農地の防災機能についての啓発を行い、防災協力農地制度の導入促進、現地の実態把握、統計データの収集などを進めてきました。寝屋川市農業委員会でのヒアリングによると、大阪府農業会議が東京都における防災協力農地制度の要綱作成の事例について情報を収集し、それを寝屋川市の担当者に伝えることで、寝屋川市が要綱作成をスムーズに行うことができたといいます。また、農政室と農業会議では市内の先行事例を収集し、他の自治体にその事例を紹介することで、制度導入の参考にしてもらう取り組みを進めてきました。たとえば、2000年代には「大阪府防災農地推進連絡会」が組織され、制度導入市町村の事例を紹介する研修会や意見交換会等が行われていました。また、2021年度から2023年度にかけて、大阪府農業会議が国の「都市農業共生推進等地域支援事業（農山漁村振興交付金）」を用いて、防災協力農地の自治体向け啓発パンフレットを発行したり、説明会を開催したりしました。このように自治体間の情報共有を仲立ちする機関の存在が、防災協力農地制度の導入促進に貢献してきたといえます。

3　大阪府寝屋川市における防災協力農地制度の実態

大阪府の寝屋川市は、2003年に「寝屋川市防災協力農地登録制度」を創設し、府内では最初の制度導入となりました。当該地域では13万4,124㎡の防災協力農地が登録されています（2023年3月現在）。本節では、寝屋川市の制度を中心に、防災協力農地の詳細について紹介します。

制度の内容

「寝屋川市防災協力農地登録制度要綱」は、災害時の市民の安全確保と復旧活動に役立てる用地を確保することを目的としています。

まず、防災登録農地の登録期間は3年以内で（厳密には、登録日から2年を経過した日以後の最初の3月31日まで）、期間の満了を迎えるたびに、登録者は次の3年間の登録更新手続きを行うかどうかを判断できます。希望すれば期間中の登録抹消も可能であり、当然ながら登録された農地が宅地など他の土地利用に転換されれば、その時点で登録は抹消されることになります。なお、登録した農地には、必要に応じて標識を設置することも定められています（**写真1**）。

写真 1　寝屋川市「南農園」の防災協力農地と標識

出所：2023 年、筆者撮影。

実際に災害が発生したときの防災登録農地の用途は、近隣住民の避難場所としての利用、復旧用の資材置き場、仮設住宅の設置場所等とされています。とくに資材置き場や仮設住宅の設置などで 8 日間以上にわたり農地を使用する場合には、市長が登録者に使用申請を行う決まりであり、それでも使用期間は原則 2 年間以内とされています。そして、使用が終了したら、速やかにこれを原状復帰し、所有者に返還しなければなりません。

さらに、要綱では、市が登録者に対して土地使用料と農業補償金を支払うことが定められています。7 日間以内の使用の場合には、その土地で栽培されている作物から見込まれる金額を補償します。作付け前の時期であっても、すでに肥料や種苗が投じられている場合、それら資材の費用が補償されます。8 日間以上使用した場合には、農業所得の補償に加えて、固定資産税・都市計画税と土地使用料の支払い、地力低下分の補償、種苗などの実費の補償がなされます。

さて、こうした防災協力農地制度は、施行するだけで自動的に地域社会に浸透したわけではありません。以下では制度導入の経緯とその後の経過について見ていきましょう。

制度導入の経緯

寝屋川市は、大阪府の北東部、淀川左岸に位置する人口22万9,749人（2020年国勢調査結果）の市です。大阪市の中心部から鉄道で40分程度で移動できる範囲にあり、戦後に中小規模の工場の進出や宅地開発が急速に進む中で、市内の農地の大半が消滅しました。市内の農家数は378戸、耕地面積は126 haです（2020年農林業センサス結果）。

寝屋川市が防災協力農地制度を導入した経緯は、2001年に同市が策定することとなった「寝屋川市農業振興ビジョン」（以下、「振興ビジョン」）が発端となります。この振興ビジョンを策定したことは、寝屋川市の中で都市農業の意義を改めて問い直すためのよい機会でした。市は747戸の農家と、20歳以上の市民3,000名を抽出し、それぞれについて都市農業についてのアンケート調査を実施しました。これにより判明したことは、6割の市民が、市内に農地が必要だと考えていることでした。しかも、食料生産だけでなく、自然とのふれあいや憩いの場としての機能発揮に期待しており、日常生活の中で農業・農地との接点を求めていることがわかったのです。他方で、農家たちは、農業の本当の姿を多くの人々に知ってもらい、近隣住民との良好な関係を築きたいと願っていました。そこで、振興ビジョンは、都市化が進むこの町において、改めて農業の意義と価値を見直し、それを都市生活の中に位置づけなおすことで、調和的な地域発展（「農ある都市の形成」）をめざすことを理念としました。

振興ビジョンの中で、市は、①新鮮で安全な農産物の供給、②市民と農の交流、③農地の保全・活用の三点を掲げて農業振興を進めることを示しています。このうち③農地の保全・活用の具体策として打ち出されたのが、防災協力農地制度の導入でした。

振興ビジョンの検討委員会で注目されたのは、市内の緑地面積の5割を農地が占めている状況でした。寝屋川市の都市空間は建蔽（けんぺい）率が高く、地震災害時には被害拡大の可能性がありますが、都市公園の整備は不十分でした。しかし、地価が高く、公園用地の確保には莫大な資金がかかります。そこで、市は生産緑地や宅地化農地を「防災空間」として位置づけ、都市における農地の意義を再評価したのです。

ちなみに、防災と同時に重要視されたのは農地の「景観形成」機能です。市は生産緑地や宅地化農地が都市の中にあるにもかかわらず、市民がそれに親しみを感じていないことを課題と考えました。そこで、防災協力農地制度と合わせ、農地にレンゲを植えて市民に開放してもらう「農地景観形成推進事業」を導入することに決めました。

登録者普及の経過

防災協力農地制度の導入に際し、寝屋川市は大阪府農業会議などの協力も得ながら、先行して当該制度を導入した地域の事例収集や視察を行いました。それに加え、農家に対してヒアリングやアンケート調査を実施し、農地の状況や制度を導入した際の利用意向について把握したうえで制度設計に取り掛かりました。ただし、この利用意向調査で登録を希望すると答えた農家は、回答者の6.8%にすぎず、制度導入後には、普及に向けた広報など様々な取り組みを行う必要があることが確認されました。市の広報誌での周知はもちろん、農業関連の業界新聞への広報記事掲載や農協支部長会へ説明会を行ったり、協力依頼をするなど努力しました。この結果、制度を施行して半年のうちに49戸の農家が登録し、9万9,120㎡の防災協力農地を確保できました。

一方、市は阪神・淡路大震災と同規模の直下型地震が、寝屋川市に隣接する生駒断層帯で発生した場合の災害時に必要な緑地空間の面積を試算したところ、28ha（28万㎡）もの防災協力農地が必要になると推定しました。市では以後も地道な努力が続けられ、2021年には21万5,490㎡の防災協力農地が確保されました。

ところで、筆者が大阪府農業会議にヒアリングしてわかったことは、防災協力農地制度には、農家が登録する「インセンティブがない」（あるいはわかりづらい）ということです。2013年、寝屋川市では農業経営支援のための「寝屋川市農業者支援事業補助金」を創設しました。そこでは、農業生産に必要な60万円の農機具を購入する場合に対象経費の3分の1（ただし上限は100万円）を補助する制度などがありますが、この補助金を申請する要件として、防災協力農地への登録を定めることにしました。以後、当該補助金について農家に説明する際に、防災協力農地の周知を行うようにしたところ、登録者が増加しています。ちなみに、寝屋川市以外の自治体では、農業用井戸の新設・改良に補助金を出すという事例（大阪府守口市）もあります。

以上に述べたように、寝屋川市の防災協力農地は制度創設以来の20年間、様々な努力によって地域社会に浸透してきたのです。しかしながら、目下の課題として、市内の農地の減少が止まらず、今後登録しうる農地が喪失されているということが挙げられます。農地を存続させるのかどうか、究極的にその判断をするのは、個々の農家または地主なのです。次節では、「南農園」でのヒアリング結果から、この問題について考えてみましょう。

4 農家と防災協力農地制度
― 寝屋川市「南農園」の事例から

筆者は2023年3月に「南農園」にヒアリングに行きました。南農園は、寝屋川市の市街化区域（第一種中高層住居専用地域）内に所在する生産緑地を使って、水稲栽培や観光農園事業を展開しています。周囲は戸建・集合住宅の団地、中学校、高齢者介護施設に取り囲まれ、初めて来た人には、この農園だけが周囲から浮いた空間のように感じるかもしれません。しかし、南農園のお米はレンゲ栽培という農法を使った減農薬有機栽培米であり、観光農園のいちご狩りも含め、近隣住民に人気です。園主の南保次（やすじ）さんは、大阪府「農の匠」に認定された農家であり、大阪府農業経営者会議の理事を務めます。2018年には第47回日本農業賞「食の架け橋部門」の特別賞を受賞するなど、その実力が広く社会に認められています。

南農園は2003年に寝屋川市内の防災協力農地第1号として登録されました。南さんは、当時説明に来た市役所の担当者が大変熱心であり、防災協力農地制度を「建前的な政策」とは感じなかったこと、そして何より、農地を防災空間として地域の人々に活用してもらうことが、地域と農園が共生するうえで有効だとの「合理性」を認識したため、この制度に登録することに決めたと語ってくれました。

当時、防災協力農地に登録したからといって、補助金が下りるなどの金銭的なメリットはありませんでした。それにもかかわらず登録を決めた背景には、都市の中で農業を続ける南農園の「理念」が影響しました。

南さんは1990年前後、30歳の頃に実家の農業を継ぐことに決めました。南さんは就農した当時、農業が「固定資産税の減免」によって暮らしと経営を維持しているという「あまりに後ろ向き」な事実に直面したといいます。「自らが生涯の大部分の時間をかけてやる仕事がそのようなものであってよいだろうか」。そのような自問が、南さんを奮起させました。農業には「食育や福祉、やすらぎの提供」など多様な価値があり、それは地域に住む人々の暮らしを豊かにするはずです。そして、「地域の人々がこうした価値を認め、農業に共感してくれること」が、農園にとって非常に重要なことなのです。南農園のウェブサイトには「地域と共生し／継続していく農業を目指して」という標語が掲げられています。

南農園では、花畑を作って近隣住民に農園を開放したり、大学生と協力して田んぼアートを作って隣の福祉施設の入所者の方々を楽しませたりするなど、直接の利益と結びつかない様々なプロジェクトを実施してきました。こうして農園が地域にとって身近な存在となり、その価値が広まって「共感してくれる」人が増えると、やがてそれは農園を存続させる力になっていく。南さんは、そのように開かれた農園を作り上げるという経営理念の中に、防災協力農地を位置づけたのです。

南さんの農地は野菜・果樹が約53a、水稲栽培は他県に借りている土地などを含めると3.5haあります。近隣の農家の農地は次々と消滅しましたが、それには一筆あたりの農地の小ささが影響しているのではないか、と南さんは考えました。南農園はまとまったスケールの圃場が残されてきたため、現在まで続く農園経営を工夫する余地があったのです。

一方で、少し前に、南さんにとって悲しいことが起こりました。南さんの知人に、農業にとても強い思い入れを持った篤農家がいました。その人はたくさんの農地を管理していましたが、亡くなるとほとんどが宅地に転用されてしまったのです。もし、その篤農家が、子世代に農業を引き継ぐことをよく考えていたなら、結果は違っていたかもしれません。

これは、たとえ土地が引き継がれても、営みとしての農業を続けなければ、農地はやがて失われる可能性があることを示しています。市街地では、農地の宅地への転用圧が、いまでも強く働いています。しかし、農地が私有地である以上、その行く末を決めるのは所有者個人であるという考え方が、国内では一般的です。したがって農地を恒久的に維持するためには、南さんがいう「後ろ向き」でない、営みとしての農業を続けようとする意識が継承されなければならないのかもしれません。

さて、前節で述べたとおり、寝屋川市内では農地が次々と失われている状況にあり、防災協力農地を確保することが、従来にも増して困難になっています。むろん、今後の長期的な人口減少の中で、避難に必要な緑地空間が小さくなっていくこと、空き家や空き地が増加していくことも考えれば、ゆくゆくは防災空間を防災協力農地に頼らずとも確保できる可能性も考えられるかもしれません。しかし、今後南海トラフ地震などの大規模な災害が大都市圏で発生した場合に、都心部の避難場所は著しく不足する可能性があること、また、パンデミックの発生時には平常時以上に広大な避難場所を確保する必要があることなどから、農地を防災空間として利用することの必要性はむしろ増しているともいえます。農地の防災機能をそれぞれの地域でどのように維持するかを真剣に考えなければなりません。

5 農地が防災機能を発揮するために

防災機能は農地が持つとされる多面的機能の一つと考えられてきました。本章では、防災農地制度とその普及をめぐって、農地が実際に防災機能を「発揮」できるようにするためには、たくさんの人々の決断や調整といった努力が必要ですが、それは簡単なことではないということを述べてきました。阪神・淡路大震災という大規模な地震災害を契機として、まず自治体レベルでは先行事例や地域の人々の意向を参考に制度の中身を整え、それを周知して浸透させる努力がなされてきました。個々の農家はそのメリットや合理性を吟味し、制度に登録するか否かを判断します。しかし、農地が転用圧を受けている状況で農家も農地も減っており、そして、残された農家たちの間に、制度への登録を通じて防災に積極的に貢献する意思が生まれるかが不確実となっています。このように考えると、農地の防災機能発揮を担保するための条件は、厳しさを増している状況といえるかもしれません。防災協力農地制度の活用促進をますます進めつつ、農地自体をどのように保全するかを地域全体で検討する必要があります。

最後に、前節までに言及できなかった問題に触れておきましょう。それは防災協力農地が市民に十分認識されていないという課題です。2022年11月、制度を導入している自治体のうち六つの市で住民らを対象に大阪府農業会議が実施した調査では、制度の認知度が15%にとどまったことがわかりました（大阪府農業会議 2022、ただし集計途中段階のデータ）。これは防災協力農地が一般に十分啓発されていないという問題ともいえます。しかしながら、いくら防災協力農地を啓発したからといって、いざ災害が生じたときにその被害が抑えられるかについては、地域防災をささえる行政やコミュニティがうまく機能しているかなどの問題がかかわってきます。第1節でも言及したように、農地の防災空間としての利用は、防災、都市計画、農政の諸領域にまたがる問題です。領域を横断した総合的な視点を持ってこの問題について検討することが重要といえるでしょう。そして、農業者と市民が協力し合って、農地を守るための努力をすることも必要です。多面的機能を維持するうえでは、農業に携わる人々だけではなく、ありとあらゆる人々の協力を得る必要があります。いま、より広い視点から農が持つ価値と意義を問い直すことが必要になっているのです。

（小林　基）

注

(1)　内閣府「防災情報のページ 阪神・淡路大震災教訓情報資料集 阪神・淡路大震災の概要」 https://www.bousai.go.jp/kyoiku/kyokun/hanshin_awaji/earthquake/index.html（2023年4月30日最終閲覧）

(2)「南農園」ウェブサイト https://www.373farm.com/（2023年4月30日最終閲覧）

引用・参考文献

石川幹子（2001／2020）『都市と緑地――新しい都市環境の創造に向けて』岩波書店、282頁。
大阪府農業会議『大阪農業時報』2022年12月1日付、1面。
鍵屋浩司・尾島俊雄（1998）「生産緑地を防災緑地として活用するための基礎的研究」『日本建築学会計画系論文集』63巻507号、41-46頁。
橋本禅（2017）「農地・農業用施設はグリーンインフラの形成にどう貢献できるか」、グリーンインフラ研究会・三菱UFJリサーチ&コンサルティング・日経コンストラクション編『決定版！グリーンインフラ』日経BP社。

終　章

農的くらしがまちの未来をつくる

KEY WORDS

防災機能

防災協力農地

都市農地の貸借の円滑化に関する法律（都市農地貸借法）

多様な担い手

耕す市民

SDGs

この章で学ぶこと

この本に導かれながらの、都市農業という世界への旅はいかがでしたか。

不要とされたり必要とされたり、歴史のなかで位置づけが変化するなかでも「どっこい」生きてきた、多様な都市農業の姿に触れることができたでしょうか。

そろそろ旅も終わろうとしていますが、本書を閉じたあともぜひ、周りを見渡してください。自分たちはどんな地域で暮らし、どのような地域づくりが必要とされているのか——都市に暮らす一人ひとりが都市農業を活かすプレイヤーとして動き始める一歩を踏み出すきっかけになれば、これ以上うれしいことはありません。

1　都市農業の現在地
―― 都市政策に左右された歴史のなかで

都市農業・都市農地の価値を改めて振り返る

これまで都市農業と都市農地の歴史を時間軸に沿って振り返り、その上で、現在の各地の都市農業の多様さを俯瞰する旅をしてきました。

第1部で詳述されているように、1960年代の高度成長期、都市人口が急激に膨張する中で「宅地化すべきもの」とされ、農業政策の対象から外された市街化区域内の都市農地は、長い受難の時代を経て、「あるべきもの」へと位置づけが180度転換して現在に至っています。都市農業は常に、日本の都市状況の変化や、それに伴う都市政策の変化との関係性の中で、その位置づけが変わり続けてきたのです。

注目してほしいのは、このような都市農業をめぐる政策変化のプロセスは、都市農業を単に農産物を生産する産業としての面だけでとらえず、防災機能や景観保全、さらに、農業者と都市住民、あるいは都市住民どうしの交流の場としての重要性などが再評価されていくプロセスでもあったということです。都市農業の持つこれらの多面的機能が認識され、その中で、都市計画（地域づくり）の中に都市農業や都市農地を位置づけようという考え方が生まれてきたともいえます。

特に、以前はあまり認識されていなかった多面的機能の中で、1995年の阪神淡路大震災をきっかけに注目されるようになったのが、防災機能です。この機能を活かすために広がった防災協力農地制度について、第13章では大阪府の取り組みが詳細に紹介されていますが、大阪府だけでなくこの制度に取り組む自治体は全国の都市部に広がっています。農林水産省の調査によると、首都圏（東京・神奈川・埼玉・千葉）、関西圏（大阪・京都・兵庫）、さらに愛知県、愛媛県、高知県、福岡県など、2021年3月末現在で78市区町がすでにこの制度を導入しています（**表1**）。

表1　防災協力農地の取組実施市区（令和3年3月31日現在）

都府県名	面積（ha）	市区町数	取組市区
埼玉県	7.7	10	川越市、草加市、朝霞市、志木市、和光市、八潮市、富士見市、坂戸市、吉川市、新座市
千葉県	46.9	3	船橋市、柏市、八千代市
東京都	864.5	34	世田谷区、杉並区、板橋区、練馬区、足立区、葛飾区、江戸川区、八王子市、立川市、武蔵野市、三鷹市、青梅市、府中市、調布市、町田市、小金井市、小平市、東村山市、国分寺市、国立市、福生市、狛江市、東大和市、清瀬市、日野市、東久留米市、武蔵村山市、多摩市、稲城市、羽村市、あきる野市、西東京市、日の出町、昭島市
神奈川県	407.9	8	横浜市、川崎市、藤沢市、秦野市、厚木市、大和市、海老名市、茅ヶ崎市
愛知県	20.9	5	名古屋市、春日井市、稲沢市、瀬戸市、小牧市
京都府	18.7	1	向日市
大阪府	61.0	12	堺市、貝塚市、守口市、寝屋川市、大東市、高石市、四條畷市、田尻町、和泉市、岸和田市、摂津市、交野市
兵庫県	0.2	1	伊丹市
愛媛県	5.4	1	松前町
高知県	0.3	2	高知市、南国市
福岡県	0.6	1	福岡市
合計	1434.2	78	

出所：農林水産省「都市農業をめぐる情勢について　令和5年1月」。

もともと、日本に限らず世界的にも、都市政策の中に「農業」という概念はありませんでした。都市計画のなかに、基本的に「住居」「商業」「工業」の3分野の用途地域しかなく、「農業」という用途地域は存在していなかったのです。1968年の新「都市計画法」の施行後、都市農業者の反発を受けて「生産緑地制度」が創設されましたが、市街化区域内の都市農地は、「農地」ではなく、公園などと同じ「緑地」の一つに位置づけられ、「農業生産をしている緑地」という意味で「生産緑地」という不思議な名前が付けられた経緯があります。

しかし、都市農業振興基本法の制定を受け、国土交通省は、都市計画の中に初めて、住宅用途地域の中に「田園住居地域」を創設し、開発規制をかけました。「田園住居地域」は、「農地と調和した低層住宅に係る良好な住居環境の保護」を目的としたもので、これにより初めて「農のあるまちづくり」という考え方が国の都市政策の中に位置づけられたことになります。

都市農業・農地の存続をめぐり今も残る課題

都市農業が「都市にあるべきもの」と位置づけられても、まだまだ解決されていない問題は少なくありません。このままでは、遠くない将来、都市農地は消えてしまうのではないかという懸念を多くの農業関係者は持っています。なぜでしょうか。

都市農業の存続には、「担い手の確保」「農地の維持·確保」「農業振興の支援」の３つの要素が欠かせません。この３点について、改めて課題を整理します。

「担い手の確保」では、都市農業の受難の時代に頑張って営農を継続してきた世代が、今では70 ～ 80代になり、世代交代せざるを得ない時期になっています。しかし、自分自身は営農を続けていても、逆風が吹き荒れる中で子どもたちに農業を継がせることをあきらめた都市農業者は多く、圧倒的に後継者が不足している現状があります。第12章でも触れられているように、「多様な担い手」による都市農業の維持、都市農地の活用が不可欠になっているのは、そのためです。この件については、後に改めて取り上げたいと思います。

「農地の維持・確保」では、都市農業振興基本法の施行後、都市農業の保全を後押しする制度改正がいくつかできました。たとえば、特定生産緑地制度が創設されたことで、これまでの「生産緑地」は、改めて申請さえすれば今までと同様に固定資産税の宅地並み課税対象から除外されることになりました。また、「生産緑地」の指定に必要な面積要件も、自治体の判断によって500㎡から300㎡に緩和することが認められました。そのため、従来は指定できなかった小さな都市農地を「生産緑地」として追加申請するケースも登場しています。

ただし、この制度改正だけでは不十分という指摘が少なくありません。最も大きな課題が、税制問題です。地権者が営農している間は、生産緑地の固定資産税は宅地並み課税の対象外ですが、地権者が他界し、相続が発生すると、一転して農地は宅地扱いとなり、宅地として高額な相続税が算定されます。相続が発生した際に、相続者が「終身営農」（死ぬまで営農を継続）の条件を受け入れることで相続税納税は猶予されますが、従来、この要件は相続者にとって大きなプレッシャーになってきました（ただし、この件に関しては、生産緑地の貸借が可能になったことで、かなりハードルが下がりました。次項で詳述します）。

また、農地の相続税納税が猶予されても、他に営農継続に必要な作業場や農業機械の保管倉庫などの敷地は「宅地」として扱われるため、納税猶予が受けられず、高額な相続税がかかります。その結果、相続税を払うためには、農地の一部を売却して納税資金を用意しなければならない状況は、今も変わっていません。2021年の税制改正で、これら農地以外の敷地に関しても、納税が10年間限定で猶予されることになりましたが、10年後にどうなるのか、今のところ決まっていません。

つまり、農業者本人がいくら頑張って農業を続けていても、相続が発生するたびに都市農地が減少に向かってしまうという構造は、残念ながら以前とあまり変わっていないのです。第1部で「抜本的改革に踏み込めていない」と指摘しているのは、そのためです。

「農業振興の支援」に関しても、国の支援事業予算は非常に少なく、どれだけ都市農業を支援するかは自治体の都市農業に対する考え方や財政の余裕などによって左右されます。また、これまで三大都市圏に限られていた「生産緑地制度」の適用が全国の都市部地域にも拡大されましたが、この制度を導入するかどうかも、やはり自治体の判断に任されています。

「都市農業振興」という理念の旗は掲げられたものの、具体的にどうすれば都市農業や都市農地を維持し振興していけるか、その具体策に関しては、これからが正念場ということです。とくに、誰が都市農地を耕すかという「担い手の確保」は、すでに喫緊の課題となっています。

2 「多様な担い手」の時代
― あなたも都市農業のプレイヤーになれる

「都市農地の貸借の円滑化に関する法律」がもたらしたこと

都市農業の深刻な後継者不足問題は、逆にいえば、既存の都市農業者の家族・親族や、農業専業をめざす新規就農希望者だけでなく、行政やJA、生協、

NPOなどの組織や、個々の都市住民でも、従来の仕事をしながら農業にもかかわる「半農半X」や、農業ボランティアなど様々な形で、都市農業の担い手の一翼を担える新しい時代を迎えつつあるということでもあります。

援農ボランティアの形で都市住民の参画を促す取り組みは古くからありました。自治体による援農ボランティア制度創設の草分けとされるのが、東京都国分寺市で、早くも1992年に「市民農業大学」を開校し、翌年、その修了生を対象に援農ボランティア制度が設立されています（グリーンエイトの会編 2000）。

2000年以降、このような都市住民による援農システムを導入する自治体は増加しています。これは都市農業に限った話ではありません。2004年の農業工学研究所の全国市区町村アンケート調査では、全国で104市区町村（有効回答数1797票）が、なんらかの形の援農システムがあると回答しています（渡辺・八木 2003）。

ただし、営農ボランティアはあくまで農業者の農作業を手伝う立場で、都市住民が農地を借りて自ら営農する主役になれるわけではありませんでした。こと生産緑地では、農業者どうしでさえ貸借が認められず、増して都市住民や一般法人などの多様な担い手の参画は許されていませんでした。

ところが、第12章でも紹介されているように、都市農業振興基本法の成立を受けて2016年に作成された「都市農業振興基本計画」では、「都市農業の安定的な継続のため、多様な担い手の確保が重要」と明記され、2018年、それまで貸借が一切認められていなかった生産緑地を対象に「都市農地の貸借の円滑化に関する法律（以下、「都市農地貸借法」）」が施行されました。

この法律によって、生産緑地でも、営農継続が難しくなった高齢農業者の農地を他の農業者が借りて耕作するだけでなく、第7章の紹介事例のようにJAや生協、民間企業などが生産緑地を借りて耕作したり体験農園に整備したりすることも認められ、ようやく多様な担い手が都市農業に関わることのできる環境が整ったのです。

都市農業者にとってもメリットがありました。この法律によって、自分自身が耕作できなくても生産緑地のまま農地を維持できるという新たな選択肢ができたからです。これまでは、病気やケガで入院したり、高齢で農作業ができ

表 2　都市農地貸借法に基づく事業認定数

① 借りた生産緑地で自ら耕作するための貸借件数・面積

都道府県名	件数	面積（㎡）
埼玉県	10	36,086
千葉県	10	21,935
東京都	196	340,495
神奈川県	16	31,279
愛知県	13	24,913
京都府	23	38,743
大阪府	66	85,848
兵庫県	40	51,275
和歌山県	1	7,864

② 借りた生産緑地で市民農園（貸し農園）を開設するための貸借件数

都道府県名	件数	面積（㎡）
埼玉県	6	9,170
千葉県	4	14,106
東京都	30	47,938
神奈川県	11	16,396
静岡県	3	2,547
愛知県	1	851
京都府	3	8,268
大阪府	25	27,874
兵庫県	9	8,923

出所：農林水産省調べ（2022 年 3 月末時点）。

なくなると、家族の誰かに営農の意志がない限りは、生産緑地の指定を解除し、宅地化を選択せざるをえませんでした。

指定を解除すると、固定資産税は宅地並み課税に切り替わるため、結果的に、その農地を手放すことにつながっていたのです。また、営農している本人が亡くなって相続が発生したときも、相続者が「終身営農」という条件を選択しなければ相続税の納税猶予が受けられませんでした。

しかし、自分自身が営農しなくても、貸借によって農地を維持することが可能になったおかげで、都市農業者が一時的に営農できなくなったときに生産緑地として維持するという選択肢ができ、さらに、相続が発生したとき、相続人が耕作できなくても、借地として都市農地を残すことができるようになりました。農林水産省の調査によると、この法律で認定を受けた生産緑地の全国の貸借件数は、2021 年 3 月末で 467 件。総面積で約 77ha に達しています（**表 2**）。

いよいよ、「耕す市民」が求められる時代が到来したのです。

「耕す市民」を育てる取り組み

ここで、都市農業・都市農地から少し離れ、全国の農業・農地を巡る状況について、少し紹介しておきます。実は、「農業の多様な担い手」という意味では、2009 年の農地法改正による農地取得・利用に関する規制緩和で、すでに都市農地（生産緑地）以外では、社会福祉法人や NPO、民間企業などの一般法人に対しても農地貸借が認められました。また、この農地法改正で、農地の売買・貸借契約に関しても、それまでは最低限50aからしか売買・貸借が認められなかった下限面積要件を、地域の事情によって自治体が緩和することが認められました。

これを機に、都市農地以外では多くの自治体が10～30aまで農地の貸借・売買の下限面積を下げています。なかには、既存の農業者や農業専業での新規就農希望者だけでなく、半農半X（他の仕事もしながら農業もやる兼業スタイル）や自給農を含めた小規模で多様な担い手が農業にたずさわることのできる環境の整備を始めた自治体もあります。

たとえば、神奈川県南足柄市は2009年に「市民農業者制度」を創設し、市民による遊休農地活用を進めるために300㎡から借地ができるようにしました。大阪府もこれにならって2012年に「準農家制度」を始めています（『現代農業』2023年5月号掲載の「農文協の主張」）。

背景には、すでに農林水産省が「担い手」としている認定農業者や農地所有適格法人が約23万経営体しかなく、従来の「担い手」の枠を広げ、多様な担い手による農地の利用促進を広げなければ、耕作放棄地がさらに増えるという懸念があったと思われます。ちなみに、2023年4月には、この下限面積要件が全面的に撤廃され、どんなに小さな面積でも、貸借や売買が可能になりました。

この流れの中で、すでに生産緑地以外では、様々な担い手が誕生しています。農業に関心のある都市住民を農業専業ではない“小さな農の担い手”を育て、“農家”として位置づける仕組みを用意している自治体も登場しています。

たとえば、神奈川県秦野市では、2003年にJAはだのと市が連携して「はだの市民農業塾」を開設し、2005年には「はだの都市農業支援センター」も設置して、少しだけ農に触れたい人から新規就農をめざす人まで、農とのかかわり方のグラデーションを考慮した多様な「農の入り口」を用意し、意欲のある人は、ステップ・バイ・ステップで、徐々に農とのかかわりを深め、最終的に就農までできる仕組みを作っています。

具体的には、収穫や農業体験のイベント情報をもらいたい人には、会員制の「はだの農業満喫CLUB」。自分の食べる野菜を一から育ててみたい人には、農家が種や苗を用意して栽培指導もしてくれる農業体験農園。もう少し本格的に自力で栽培したい人には1区画100㎡とかなり広いJA市民農園があります。ここまで来ると、条件つきではありますが、栽培した野菜をJA直売所「じばさんず」に出荷することもできるようになっています。

さらに、新規就農をめざす人は、「はだの市民農業塾」の2年コース「新規就農コース」に入塾し、栽培の基本的な技術だけでなく、販売のノウハウなども学ぶことができます。修了者は「営農計画認定書」を提出し、県に認定されると、晴れて「農家」として10aから最大40aまで農地を借りることができます。初年度に年間90日以上耕作すれば、2年目からは、さらなる規模拡大も可能です。

2006年から2020年末までの15年間で、この農業塾の修了者は88名。そのうち、秦野市内で農地を借りて実際に販売農家になった都市住民は、すでに70名を超えています。10a規模での就農からスタートして、今や2ha規模の専業農家になった方もいれば、定年退職後に農業を始め、少しだけ出荷したり小さな観光農園を経営している定年帰農者、農家レストランを経営する人、ファーマーミュージシャン、料理研究家……などなど、半農半Xのライフスタイルを楽しんでいる人も数多くいるなど、新規就農者の営農スタイルは、実に多様です（詳細は、榊田2022）。

兵庫県神戸市でも、神戸R不動産を運営する有限会社Lusieが、2020年に「マイクロファーマーズスクール」を開校しました。「自給だけでなく生業として農業を実践したい人、そのなかでも農業と農業以外の仕事の両立をめざす人向け」のスクールとのことで、言い換えれば、半農半Xやマルチワークでの就農をめざす人が対象ということになります。サラリーマンでも通えるよう、授業は日曜日に開催されています。

この取り組みと連携するように、スクール開校の翌年、神戸市が「神戸ネクストファーマー制度」を創設しました。市が認定した研修機関で年間100時間以上の研修を受ければ、終了後、希望者は「ネクストファーマー」として10a未満の農地を2年間借りることができるという制度で、認定した研修機関は、マイクロファーマーズスクールを含め市内の農家や施設など8か所となっています。農地を2年間適切に管理すれば、3年後には10a以上の農地取得もでき、本格的な農業参入が認められます。

千葉県睦沢町でも2022年に、兼業農家としての就農をめざす人のための「チバニアン兼業農学校」が開校しました。これら“小さな農の担い手”を育て、多様な営農スタイルでの就農を推進する取り組みについては、『季刊地域（2023年53号)』の特集「小さい農業の増やし方」で様々な事例のルポが掲載されているので、ぜひ読んでみてください。

3　SDGsの視点から描く都市農業の未来

第7章で紹介したように、2018年に「都市農地貸借法」が施行されて以降、すでに生産緑地でも、前述のような「耕す市民」が徐々に生まれ始めています。

注目したいのは、SDGs（持続可能な開発目標）への参画として都市農業に注目するケースも登場し始めたことです。たとえば日本フットボールリーグ(JFL)の「クリアソン新宿」が、練馬区の生産緑地を借りて野菜を育て、その野菜を使ってチーム拠点の新宿区の地域貢献につなげようという取り組みを2023年から始めたという報道がありました。高機能バイオ炭を畑にまいて二酸化炭素を畑の土に固定する脱炭素プランもあるそうです。練馬区の農家と同社をマッチングしたのは、東京・大田市場の青果仲卸業者で、2021年から新規事業として始めた企業向けサービスです（『朝日新聞』2023年3月1日付朝刊)。

実は、環境問題や社会問題の視点から都市農業を再評価する動きは、すでに欧米の都市では始まっているようです。第9章で紹介しているように、2019年に東京都練馬区で開催された世界都市農業サミットでは、ロンドン・ニューヨーク・トロントの報告者が、都市農業の必要性について、農産物供給だけでなく、経済格差と健康格差（肥満問題や食のアクセスへの公平性）の解消やコミュニティの再生、環境問題などの視点を挙げていました[(1)]。

たとえば、野菜よりもジャンクフードのほうが安価で簡単に食べられるため、低所得者層ほど野菜を食べず肥満や生活習慣病が多く、そのためにも、住居の近くで安価に野菜を入手できる仕組みが必要なこと、購入できる店が遠いフードデザート（食の砂漠、food deserts）問題を解決すること、コミュニティの希薄化や家族関係の変化、単身世帯の増加などで深刻化している人々の孤立化を抑制すること、食の大量生産・広域流通による環境負荷の増大を抑え、都市をグリーン化すること。それらの解決手法として、都市農業は必要だといわれています。「都市農業のコモン化」の潮流が、すでに海外では生まれ始めているのです。

日本でも、経済格差が広がるなか、2018年の厚生労働省「国民健康・栄養調査」で初めて、所得格差と健康格差に相関関係があることが指摘されました。子ども食堂やフードバンクなど、すでに低所得者層の食を支援する取り組みは、日本でも広がっています。さらに、気候変動、新型コロナウイルスによるパンデミックやロシアのウクライナ侵攻と、食料問題が世界的な不安材料になり始める中、近い将来、日本でもこれらの社会問題や食料問題の視点から、誰もが安心して暮らせるセーフティーネットとしての都市農業・都市農地の価値が評価されるようになるかもしれません。

幸い日本の都市には、現段階ではまだ、都市農地や都市農家が存在しています。「耕す市民」の時代は、自分たちはどんな地域で暮らし、どのような地域づくりが必要かという視点から都市農地や都市農業を見つめ直し、自らもプレイヤーとして行動する都市住民が求められる時代でもあるといえるでしょう。

（榊田みどり）

注

(1)「世界都市農業サミット記録」練馬区公式ウェブサイト　city.nerima.tokyo.jp

引用・参考文献

グリーン・エイトの会編（2000）『都市農業みんなで入門――国分寺市「市民農業大学」の八ヶ月』（非売品）。
榊田みどり（2022）『農的暮らしをはじめる本』農山漁村文化協会。
渡辺啓巳・八木洋憲（2006）「援農システム普及の課題と可能性に関する考察」『農村生活研究』49巻3号、6－12頁。
「アイデアと工夫と連携と！！新時代に向けた都市農業振興の先進的な取組み事例」全国農業会議所、2022年3月。
「小さい農業の増やし方」『季刊地域 No. 53（2023年春号）』農山漁村文化協会。
「農文協の主張」『現代農業（2023年5月号）』農山漁村文化協会。

都市農業に関する年表

年	都市農業に関する法制度・主な出来事
1950年代 前半	・工業生産戦前水準超える ・集団就職列車運行開始 ・三大都市圏を中心に都市地域で人口増 ・日本経済復旧・復興から成長過程に
1955 （昭和 30）	・神武景気始まる、日本経済高度成長過程へ ・日本住宅公団法制定 ・東京等で住宅問題浮上 ・東京都の人口 804 万人、大阪府 462 万人、愛知県 377 万人
1956 （昭和 31）	・経済白書「もはや戦後でない」と宣言 ・首都圏整備法制定
1958 （昭和 33）	・岩戸景気始まる ・首都圏整備基本計画公示 ・農水省　農地転用許可基準を制定（乱開発等による農業・農地環境の悪化防止） ・大阪千里ニュータウン建設着工
1960 （昭和 35）	・建設省　宅地総合対策決定 ・国民所得倍増計画発表 ・経済審議会　太平洋ベルト地帯構想答申 ・食料自給率（カロリーベース）79%
1961 （昭和 36）	・農業基本法制定
1962 （昭和 37）	・宅地制度審議会設置 ・東京オリンピックに向けたインフラ整備急ピッチ ・東京の人口 1 千万人突破
1963 （昭和 38）	・住宅建設 7 か年計画策定（1 世帯 1 住宅） 近畿圏整備法制定
1964 （昭和 39）	・東京オリンピック開催
1965 （昭和 40）	・首都圏整備法改正により近郊地帯（グリーンベルト）廃止
1966 （昭和 41）	・いざなぎ景気始まる ・多摩ニュータウン建設着工 ・泉北ニュータウン建設着工 ・中部圏開発整備法制定
1967 （昭和 42）	・公害対策基本法制定 ・新都市計画法案国会上程
1968 （昭和 43）	・新都市計画法制定（施行 69 年）、都市計画区域の設定と同区域を市街化区域と市街化調整区域に区分（いわゆる線引き）
1969 （昭和 44）	・農業振興地域の整備に関する法律制定 ・新都市計画法に基づき大阪府、神奈川県で市街化区域と市街化調整区域の線引き始まる、市街化区域内に大量の農地編入 ・地価公示法制定
1970 （昭和 45）	・三大都市圏等で地価高騰 ・政府税制大綱で市街化区域内農地の宅地並み課税実施を決定 ・市街化区域内農地の転用届け出制に ・大阪万国博覧会開催 ・米の生産調整本格開始
1971 （昭和 46）	・市街化区域農地に対する宅地並み課税実施に関する地方税法改正（隠されていた宅地並み課税が浮上） ・宅地並み課税反対運動広がる
1972 （昭和 47）	・宅地並み課税実施 1 年延期 ・田中角栄「日本列島改造論」発表
1973 （昭和 48）	・宅地並み課税三大都市圏特定市から実施 ・藤沢市で最初の宅地並み課税還元措置（農業緑地保全要綱）実施、以後三大都市圏特定市で同様の措置急速に広がる ・都市緑地法の制定
1974 （昭和 49）	・国土利用計画法制定　国土庁発足 ・生産緑地法制定 ・都市計画法改正（開発許可制度の拡充、市街地開発事業予定制度創設等）

年	事項
1975 （昭和 50）	・農地相続税納税猶予制度創設（営農 20 年を基本条件に農地の相続税減税措置を認める） ・大都市地域における住宅等の供給の促進に関する特別措置法制定 ・宅地並み課税の減額措置（当初 3 年間の時限立法、79 年にさらに 3 年間延長） ・農林省 市民農園をいわゆるレクリエーション農園として容認する通達 ・東京都の人口 1167 万人、大阪府 847 万人、愛知県 622 万人
1980 （昭和 55）	・三大都市圏を中心に地価高騰　政府緊急土地対策提示 ・再び都市農業・農地をめぐる攻防激化 ・農住組合法制定 ・食料自給率 53%
1982 （昭和 57）	・長期営農継続農地制度創設
1985 （昭和 60）	・東京都心で地価高騰（狂乱地価の始まり、以後東京以外にも波及） ・プラザ合意（国際協調型経済への転換迫られる） ・経済調査協議会　市街化区域内農地の宅地化促進を提言 ・都市農業・農地に対する批判・攻撃強まる
1986 （昭和 61）	・地価対策関係閣僚会議設置、地価対策が重要政策課題に
1987 （昭和 62）	・政府　緊急土地対策要綱決定
1988 （昭和 63）	・政府　総合土地対策要綱を定め、市街化区域内農地の宅地化促進に乗り出す（市街化区域内農地を保全するか宅地化するか農家に迫る、いわゆる二区分化措置を打ち出す） ・食料自給率 50%を割る（49%、東京都 1％、大阪府 2％）
1989 （昭和 64, 平成元）	・日米構造協議　アメリカ土地税制見直しを要求（市街化区域内農地の宅地化促進に拍車） ・土地基本法制定 ・特定農地貸付法制定
1990 （平成 2）	・市民農園整備促進法制定
1991 （平成 3）	・生産緑地法改正 ・三大都市圏の特定市で生産緑地制度の説明会とともに、生産緑地指定申請手続き始まる ・バブル経済破綻、地価下落へ
1992 （平成 4）	・長期営農継続農地制度廃止 ・三大都市圏特定市において生産緑地地区指定（約 1 万 5 千 ha、当該農地の約 30%が生産緑地に）
1993 （平成 5）	・環境基本法制定 ・米大凶作（平成の米騒動）
1995 （平成 7）	・阪神淡路大震災（都市農業の防災機能等浮き彫りに）
1998 （平成 10）	・東京都日野市　農業基本条例制定
1999 （平成 11）	・食料・農業・農村基本法制定（条文の中で都市農業の役割・機能と振興をはじめて明記）
2000 （平成 12）	・東京都 「緑の東京計画」策定、都市農地の意義とそれをまちづくりに活かすべきと明記 ・東京都の人口　1206 万人、大阪府 881 万人、愛知県 704 万人
2001 （平成 13）	・東京都　東京農業振興プラン策定（地方公共団体として都市農業の振興打ち出す）
2005 （平成 17）	・神奈川県　神奈川県都市農業推進条例制定 ・農水省農村振興局農村振興課内に都市農業・地域交流室設置（後都市農業室に）
2006 （平成 18）	・「住生活基本計画」において緑地資源としての都市農地の必要性を明記、住宅政策の観点から都市農業の存在を評価 ・食料自給率 39%に（その後回復するも 2010 年以降 40%を下まわる）
2007 （平成 19）	・大阪府　大阪府都市農業の推進及び農空間の保全と活用に関する条例制定
2008 （平成 20）	・東京都　農業・農地を活かしたまちづくりガイドライン策定 ・東京都世田谷区　世田谷区農業振興計画策定（農地保全や担い手対策を明確化） ・東京都 34 市区町村「都市農地保全推進自治体協議会」設立

2010 （平成 22）	・農水省の「第 2 次食料・農業・農村基本計画」において都市農業を守り、持続的な振興を図ると明記
2011 （平成 23）	・農水省　都市農業の振興に関する検討会設置（翌年 8 月「中間とりまとめ」を発表し、都市農業の振興の必要性提起） ・国土交通省「都市政策の基本的課題と方向検討小委員会」報告書、都市農地を「必然性のある（あって当たり前）安定的な非建設的土地利用」と位置づける ・東日本大震災、福島第一原発事故発生 ・東京都　農の風景育成地区制度施行
2012 （平成 24）	・国土交通省「都市計画制度小委員会」中間とりまとめ、都市農地を「多様な役割を果たしているものとして、都市内に一定程度の保全がはかられることが重要」と明記
2015 （平成 27）	・都市農業振興基本法制定
2016 （平成 28）	・国の「都市農業振興基本計画」策定、以後地方公共団体の振興計画（地方計画）も策定され始める
2017 （平成 29）	・「生産緑地法」改正、「特定生産緑地制度」創設、併せて指定の面積要件や生産緑地の利用範囲等についても改正 ・「都市緑地法の一部を改正する法律」施行　「都市部の農地」が「緑地」の一つとして明確に位置づけられ，「都市農地の保全方針」が「緑地の保全及び緑化の推進に関する基本計画」における記載事項として追加された。
2018 （平成 30）	・都市農地の貸借の円滑化に関する法律制定 ・都市計画法改正により「田園居住地域」創設 ・「農業経営基盤強化促進法等の一部を改正する法律案」　全面コンクリートばりの農業用ハウスの底地を農地とみなすようになった
2019 （平成 31, 令和元）	・東京都練馬区「世界都市農業サミット in 練馬」開催
2020 （令和 2）	・新型コロナウイルス感染症拡大 ・東京都の人口 1407 万人、大阪府 884 万人、愛知県 755 万人
2021 （令和 3）	・生産緑地指定後 30 年を目前にしていわゆる「22 年問題」浮上 ・特定生産緑地への指定申請始まる
2022 （令和 4）	・1992 年指定の生産緑地の約 90％特定生産緑地に指定（22 年問題は一応終息するが、10 年後の再指定に向けて都市農業新たな局面に） ・農水省が実施した「都市住民の都市農業に関するアンケート調査」において都市住民の都市農業に対する評価・期待いっそう高まる

参考資料：
大阪府農業会議（編）『都市農業の軌跡と展望――大阪府都市農業史』（大阪府農業会議）1994 年
東正則（著）『農業のある都市を目指して』（農林統計出版）2018 年
橋本卓爾（著）『都市農業の理論と政策――農業のあるまちづくり序説』（法律文化社）1995 年
大西敏夫（著）『都市化と農地保全の展開史』（筑波書房）2018 年
小野淳 ほか（著）『都市農業必携ガイド』（農山漁村文化協会）2016 年
北沢俊春 ほか（編著）『これで守れる都市農業・農地』（農山漁村文化協会）2019 年
暉峻衆三（編）『日本の農業 150 年』（有斐閣）2003 年

執筆者紹介

浦出俊和（うらで としかず）　第 6 章

摂南大学農学部食農ビジネス学科准教授。専門は農業経済学、環境経済学。

二村太郎（ふたむら たろう）　第 8 章

同志社大学グローバル地域文化学部准教授。専門は地理学、アメリカ地域研究。

藤井　至（ふじい いたる）　第 7 章 File01

大阪商業大学経済学部講師。専門は都市農村交流論、農業経済学。

谷口葉子（たにぐち ようこ）　第 7 章 File03

摂南大学農学部食農ビジネス学科准教授。専門は農業経済学、有機農業論。

戴容秦思（だい ようしんし）　第 7 章 File04

摂南大学農学部食農ビジネス学科講師。専門は農業市場学、農産物流通論。

小林　基（こばやし はじめ）　第 7 章 File05、第 13 章

摂南大学国際学部講師。専門は人文地理学。

佐藤　弘（さとう ひろし）　第 7 章 File07

チーム「食卓の向こう側」代表。元西日本新聞編集委員。農業ジャーナリスト。

副島久実（そえじま くみ）　第 7 章 File08・09

摂南大学農学部食農ビジネス学科准教授。専門は農水産物流通論。

北川太一（きたがわ たいち）　第 7 章 File13

摂南大学農学部食農ビジネス学科教授。専門は農業経済学、協同組合論。

河村律子（かわむら りつこ）　第 10 章

立命館大学国際関係学部教授。専門は農村社会学。

大西敏夫（おおにし としお）　第 11 章

大阪商業大学経済学部特任教授。専門は農業経済学、農地制度論。

青木美紗（あおき みさ）　第 12 章

奈良女子大学准教授。専門は食料・農業経済学、協同組合論。

熊谷樹一郎（くまがい きいちろう）　コラム②

摂南大学理工学部都市環境工学科教授・摂南大学副学長。専門は専門は空間情報学、都市解析。

鄭　萬哲（ちょん まんちょる）　コラム④

青雲大学社会サービス学部教授。専門は農業経済学、気候変動と有機農業論、地域づくり政策論。

編著者紹介

中塚（なかつか） 華奈（かな）　はしがき、序章、第７章 File14、第９章、コラム③・⑤

摂南大学農学部食農ビジネス学科准教授。専門は都市農業、食農教育、有機農業。

おもな著作に『SDGs で読み解く淀川流域――近畿の水源から地球の未来を考えよう』（共著）（昭和堂、2021 年）、『地域活性化のデザインとマネジメント――ヒトの想い・行動の描写と専門分析』（共著）（晃洋書房、2019 年）

榊田（さかきだ） みどり　第７章 File02・10、終章

農業ジャーナリスト・明治大学客員教授。専門は「食と農の現場」。

おもな著作に『農的暮らしをはじめる本――都市住民の JA 活用術』（農山漁村文化協会 、2022 年）、『半農半X　これまで・これから』（共著）（創森社、2021 年）

橋本（はしもと） 卓爾（たくじ）　第１～５章、第７章 File06・11・12、コラム①

和歌山大学名誉教授。専門は都市農業論、農業政策論、都市農村交流論。

おもな著作に『都市農業の理論と政策――農業のあるまちづくり序説』（法律文化社、1995 年）、『都市農業に良い風が吹き始めた』大阪農業振興協会ブックレット No. 2（大阪農業振興協会、2019 年）

都市農業新時代 ── いのちとくらしを守り、まちをつくる

2023年10月6日　初版第1刷発行

編著者　中塚華奈・榊田みどり・橋本卓爾

発行者　越道京子
発行所　株式会社 実生社（みしょうしゃ）　〒603-8406 京都市北区大宮東小野堀町25番地1
TEL（075）285-3756

印　刷　モリモト印刷
装　画　西村佳美
カバーデザイン　スタジオ　トラミーケ

　ISBN 978-4-910686-09-7

コーヒーを飲んで学校を建てよう

キリマンジャロ・フェアトレードの村をたずねる

ふしはらのじこ（文・絵）　辻村英之（監修）

本体1800円（税別） B5変型 44頁 上製
ISBN 978-4-910686-01-1

フェアトレードコーヒーの産地を描いた、ノンフィクション絵本。
コーヒーが子供たちの教育を支える村に訪れたピンチをのりきるべく、
ヒデ先生は豆を日本で販売しはじめた……！